U0258222

高等艺术教育“九五”部级教材

中国艺术教育大系

美术卷

# 景观设计

郑曙旸 编著

中国美术学院出版社

责任编辑　沈　珉
封面设计　毛德宝
责任校对　庭　豪
责任出版　葛炜光

**图书在版编目(CIP)数据**

景观设计/郑曙旸著. —杭州:中国美术学院出版社,2001.12(2006.12 重印)
(中国艺术教育大系)
ISBN 7-81083-034-1

Ⅰ.景…　Ⅱ.郑…　Ⅲ.景观—园林设计—高等学校—教材　Ⅳ.TU986.2

中国版本图书馆 CIP 数据核字(2001)第 083084 号

**景观设计**　　郑曙旸　编著

中国美术学院出版社　出版发行

地址:中国·杭州南山路 218 号　邮政编码:310002

全国新华书店　经销　浙江印刷集团有限公司　印刷

2002 年 2 月第 1 版 2006 年 12 月第 4 次印刷
开本:787×1092　1/16　印张:9
字数:130 千　图数:350 幅　印数:9001—12000

ISBN 7—81083—034—1/J·35　定价:40.00 元

# 中国艺术教育大系总编委会

# 《中国艺术教育大系》总　序

由学校系统施教而有别于传统师徒相授的新型艺术教育，在我国肇始于晚清的新式学堂。而进入民国后于1918年设立的国立北京美术学校，则可被视为中国专业艺术教育发轫的标志。时至1927年于杭州设立国立艺术院，1928年于上海设立国立音乐院，中国的专业艺术教育始初具雏形。但在20世纪的上半叶，中国的专业艺术教育发展一直处在艰难跋涉之中。以蔡元培、萧友梅、林风眠、欧阳予倩、萧长华、戴爱莲等为代表的一批先贤仁人，为开创音乐、美术、戏剧、戏曲、舞蹈等领域的专业教育，荜路蓝缕、胼手胝足、呕心沥血、鞠躬尽瘁。

中华人民共和国成立后，对专业艺术教育的发展给予了高度的重视。1949年第一届中央人民政府成立伊始，即着手建立我国高等专业艺术教育体系，将以往音乐、美术、戏剧专业教育中的大学专科，提高到了大学本科层次。当时列为中专的戏曲、舞蹈专业教育，也于20世纪80年代前后逐一升格为大专或本科，并且自70年代末起，在高等艺术院校中陆续开始了硕士、博士研究生的培养。迄今为止，我国已形成了以大学本科为基础，前伸附中或中专，后延至研究生学历的完整的专业艺术教育体系，在大陆拥有30所高等艺术院校，123所中等艺术学校的可观的办学规模。

近一个世纪以来，在我国专业艺术教育体系的创立和发展的过程中，建立与之相适应的、中西结合的、系统科学的规范性专业艺术教材体系，一直是几代艺术教育家孜孜以求的奋斗目标。如果说20世纪上半叶我国艺术教育家们为此已进行了辛勤探索，有了极为丰厚的积累，只是尚欠系统的话，那么在50年代全国编制各艺术专业课程教学方案和教学大纲的基础上，于1962年全国文科教材会议之后，国家已有条件部署各项艺术专业教材的编写和出版工作，并开始付诸实施。可惜由于接踵而来十年“文革”动乱，使这项工作被迫中断。

新时期专业艺术教育的迅猛发展对教材建设提出了新的要求。高等艺术教育教学改革的深化、教育部提出的面向21世纪课程体系和教学内容改革计划的实施，以及新一轮本科专业目录的修订、教学方案的制订颁发，都为高等艺术院校本科教材的系统建设提供了契机和必要的条件。恰逢此时，部属中国美术学院出版社于1994年酝酿、发起了“中国艺术教育大系”的教材编写、出版工作。这提议引起了文化部教育司的高度重视。1995年文化部教育司在听取各方面意见后，决定把涵盖各艺术门类的“中国艺术教育大系”的编写与出版列为部专业艺术教材建设的重点，并于1996年率先召开美术卷论证会，成立该分卷编委会；1997年又正式成立了“中国艺术教育大系”的总编委会，以及音乐、美术、戏剧、戏曲、舞蹈各卷的分编委会。为了保证出版工作的顺利进行，同时组建了出版工作小组。在世纪之交编写、出版的“中国艺术教育大系”，是依据文化部1995年颁发的《全国高等艺术院校本科专业教学方案》，以专业艺术本科教育为主，兼顾普通艺术教育的系统教材。在内容上，“中国艺术教育大系”既是本世纪中国专业艺术教育优秀成果的总体展示，又充分考虑到了培养下一世纪合格艺术人才在教育内容上不断拓展的需要。因此，“大系”于整体结构上，一方面确定了5卷共计77种98册基本教材于2000年出版齐全的计划；另一方面，为使这套教材具有前瞻性和开放性，对于在21世纪专业艺术教育发展过程中，随教学课程体系改革、专业学科更新而形成的较为成熟的新的教学成果，也将陆续纳入“大系”范围予以编写出版。

在教材中如何对待西方现代派艺术，是一个无法回避的问题。邓小平同志在1983年说过：“我们要向资本主义发达国家学习先进的科学、技术、经营管理方法以及其他一切对我们有益的知识和文化，闭关自守、故步自封是愚蠢的。但是，属于文化领域的东西，一定要用马克思主义对它们的思想内容和表现方法进行分析、鉴别和批判。”(《邓小平文选》第三卷第44页)对此我认为对西方现代派艺术也需要加以具体分析。一方面应该看到，从19世纪末以来在西方兴起的种种现代派艺术思潮，是西方资本主义文化的产物，我们必须以马克思主义观点对它们的思想内核及美学观一一进行分析、鉴别和批判扬弃，绝对不能盲目推崇追随；另一方面，伴随西方现代艺术共生的种种拓展了的艺术表现形式、方法和手段，则是可能也应当为我所用的。鉴此，前者的任务由“中国艺术教育大系”中的《艺术概论》来完成，而后者则结合各门类艺术的具体技法教程来分别加以介绍。

作为文化部“九五”规划的重点工程，拟向全国推荐使用的专业艺术教育的教材，“大系”的编写集中了文化部直属的中央音乐学院、中国音乐学院、上海音乐学院、中央美术学院、中国美术学院、中央戏剧学院、上海戏剧学院、中国戏曲学院、北京舞蹈学院等被称为“国家队”院校的各学科领头人，以及中央工艺美术学院、武汉音乐学院等在相关学科的翘楚，计国内一流的专家学者数百人。同时，这些教材都是经过了长期或至少几轮的教学实践检验，从内容到方法均已被证明行之有效，而且是比较稳定、完善的优秀教材，其中已被列为国家级重点教材的有9种，部级重点教材19种。况且，这些教材在交付出版之前，均经过各院校学术委员会、“大系”各分卷编委会以及总编委的三级审读。可以相信，“大系”的所有教材，足以代表当今中国专业艺术教学成果的最高水平；也有理由预见，它对规范我国今后的专业艺术教育，包括普通艺术教育，将起到难以替代的作用。

“中国艺术教育大系”的工作得到了文化部、教育部、国家新闻出版署等方面的高度重视。在此我谨代表参与教材编写的专家学者和全体参与组织工作的有关人员，对上述领导部门，特别是联合出版“大系”的中国美术学院出版社、上海音乐出版社、文化艺术出版社致以崇高的谢意！

教育部艺术教育委员会主任

“中国艺术教育大系”主 编

赵沨

1998年6月18日

# 目　录

# 第一章　基本理论及概念

## 第一节　基于环境艺术设计的景观设计概念

环境艺术设计是建立在现代环境科学研究基础上的一门艺术设计专业。

环境艺术设计是时间与空间艺术的综合，设计的对象涉及自然生态环境与人文社会环境的各个领域。

“环境”是一个极其广泛的概念。它不能孤立地存在，总是相对于某一中心（主体）而言。不同的中心相应有不同的环境范畴，我们所讲的环境中心就是人类本身；我们所要进行的环境艺术设计，就是人类生存空间的综合设计。

涉及到艺术门类同时又与环境有关的传统专业是建筑、美术、园林和城市规划。在从农耕时代开始到工业化时代的漫长发展过程中，每一门专业都形成了自己完整的理论体系和设计系统。环境艺术设计专业在与其它环境科学专业的配合下，在地球上建成了适合人类生存需要的人工环境。

然而在未来的世界，生活的空间变得越来越狭小。现代化的通讯交通工具，大大缩短了时空。日益膨胀的人口和越来越高的生活追求，促使经济高速发展。需求与资源的矛盾愈来愈尖锐。人们的物质生活水平不断提高，但是赖以生存的环境质量却日益恶化。人类社会改造了环境，环境又反过来影响人类社会。

人类社会所创立的艺术门类：建筑、音乐、美术、文学都要寻找表现自己的时空；手工艺美术行业进入现代工业社会，已发展成为与人类生活息息相关的各种艺术设计门类：室内设计、工业设计、平面设计、染织服装设计等等。所有的这些门类都在突出自己的个性，寻求自己的发展。当它们共同相处于这个越来越狭小的世界时，就不免产生各种碰撞。相容的就显得和谐、优美，不相容的就显得对立、丑陋。于是就要去协调关系，寻找融合的规律。为了创造更加美好的生活，艺术家和设计师们在不断地探索，以求形成符合时代要求的全新环境艺术设计概念。

景观设计正是在这样的形势下，作为环境艺术设计的一个子系统出现的。

## 一、环境与环境艺术设计

### 环境

在这里所讲的环境：是指由原生的自然环境，次生的人工环境，特定的人文社会环境组成的总体环境系统。

自然环境与自然界属于同一概念。按照字面的解释：环境是指“周围的地方”，显然这是属于自然界范畴的问题。这里所说的“环境”不可能孤立存在，它总是相对于某一中心（主体）而言。中心可能有很多个，大至宇宙中的太阳，小至生物体内的细胞核。围绕着不同的中心形成了各异的环境系统，每个环境系统依据自身的规律运动变化着。而我们所要研究的环境恰恰是以人类自身为中心的，这个“环境”就是人类赖以生存的地球生物圈，我们称它为原生的自然环境。（图 1）

人类从诞生的那一天起，就开始了对自身生存空间的不懈开拓。渔猎耕种，开矿建筑。在已经过去的漫长岁月中，从传统的农牧业到近现代的大工业。在地球的土地上，建筑起形形色色、风格迥然的房屋殿堂、堤坝桥梁，组成了大大小小无数

图 1　地球生态圈

图 2　次生的人工环境

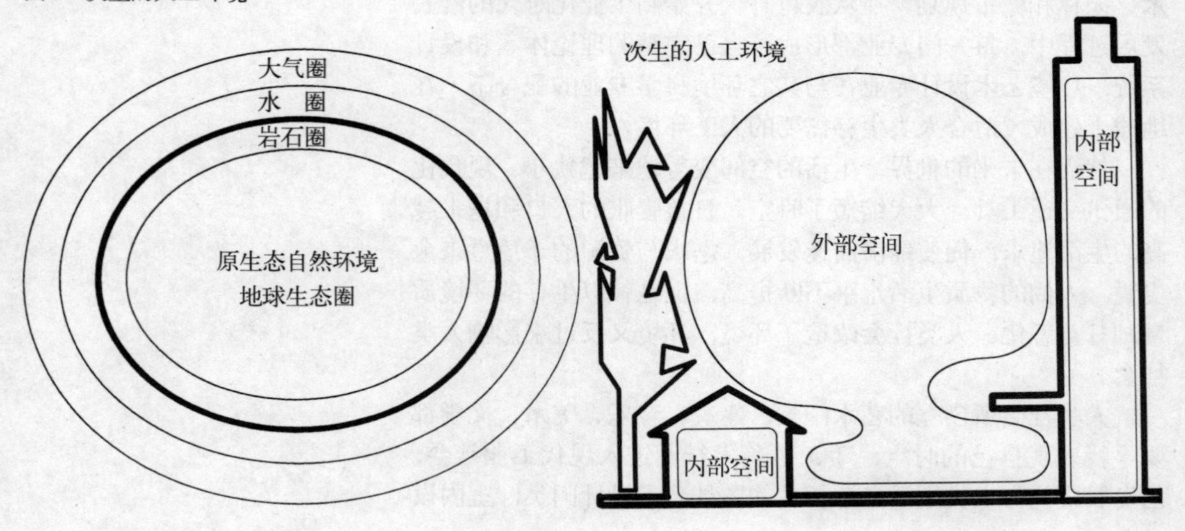

个城镇乡村、矿山工厂。所有这些依靠人的力量，在原生的自然环境中建成的物质实体，包括它们之间的虚空和排放物，构成了次生的人工环境。（图 2）

人类社会在漫长的历史进程中，受到不同的原生自然环境与次生人工环境影响，形成了不同的生活方式和风俗习惯，造就出不同的民族文化、宗教信仰和政治派别。在生活的交往中，人们组成了不同的群体，每个人都处在各自的社会圈中，从而构成了特定的人文社会环境。（图 3）

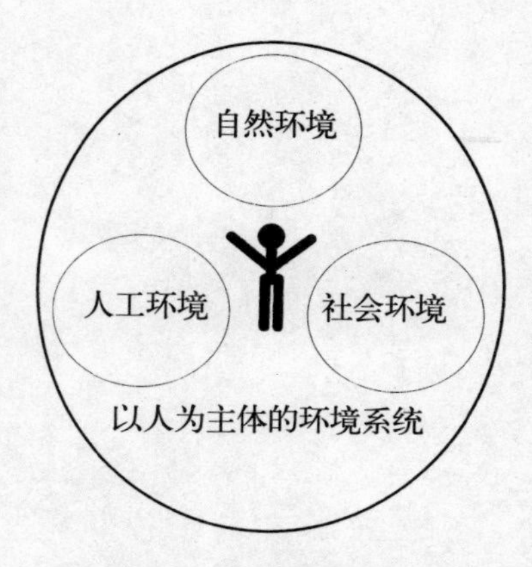


图 3　以人为主体的环境系统

**2. 艺术与设计**

艺术与设计在本质上反映的是同一概念的问题。

艺术，按照我们今天的解释是通过塑造形象反映社会生活的一种社会意识形态，属于社会的上层建筑。尽管有史以来存在着不同的艺术理论，"艺术"仍然是一个为公众所普遍理解的概念。

设计，在一般的汉语词典里仅解释为：在正式做某项工作之前，根据一定的目的要求，预先制定方案、图样等。甚至在大型词典《辞海》里都没有"设计"的词条。在汉语中"设计"是作为表示人的思维过程与动作行为的动词而出现的。显然与我们在这里讲的设计在涵义上有很大不同。我们所说的设计是源于英语"design"的外来语。这个词在英语中既是动词又是名词，同时包括了汉语设计、策划、企图、思考、创造、标记、构思、描绘、制图、塑造、图样、图案、模式、造型、工艺、装饰等多重涵义。一句话，在"design"中除了汉语"设计"的基本涵义外，"艺术"一词的涵义占了相当的比重。我们很难在现代汉语中找到一个完全对等的词汇，姑且以"设计"应对不免会使公众的理解产生偏颇，于是我们不得不采用一种折衷的办法，在"设计"前面冠以"艺术"，形成"艺术设计"的词组，以满足公众理解的需要。

**3. 环境艺术设计**

当我们明确了艺术与设计的全部外延与内涵之后，探讨环境艺术设计的问题就要相对容易得多。

这里所说的环境，是包括自然环境、人工环境、社会环境在内的全部环境概念。这里所说的艺术，则是指狭义的美学意义上的艺术。这里所说的设计，当然是指建立在现代艺术设计概念基础之上的设计。

环境艺术与环境设计，在概念上具有不同的涵义。环境艺术品创作与环境艺术设计，同样在概念上具有不同的涵义。这里似乎有点文字游戏式的咬文嚼字，但是如果搞不清楚环境艺术与设计之间的关系，就不能确立全新的环境艺术设计概念。

“环境艺术”是以人的主观意识为出发点，建立在自然环境美之外，为人对美的精神需求所引导，而进行的艺术环境创造。这种创造最初源于现代艺术诸流派中的一个分支。在这种现代艺术观念下创造出的艺术品，综合平面与立体诸要素，以现成物和创造品组成由观者直接参与的，通过视觉、听觉、触觉、嗅觉的综合感受，造成一种可以身临其境的艺术空间，这种艺术创造既不同于传统的雕塑，也不同于建筑。它更多地强调空间氛围的艺术感受。这种重视实体与虚空整体综合效果的艺术形式，造就了环境艺术的基本模式。当然我们今天所说的环境艺术，已远远超出艺术品的概念，成为研究“环境与艺术”的课题。

虽然这种人为的艺术环境创造，可以自在于自然界美的环境之外，但是它又不可能脱离自然环境本体，它必需植根于特定的环境，成为融汇其中与之有机共生的艺术。可以这样说环境艺术是人类生存环境的美的创造。

艺术是美的凝定，美是一种和谐完整的形式。作为环境艺术，整体统一的原则更具有特殊的实际意义，“完整、和谐、鲜明”实在是环境艺术美的灵魂。这种美将使城市、建筑、室内环境中美的因素互渗互融，这种美沟通了人、自然、社会之间欢悦和谐的情感，从而使冰冷的工业化环境得到柔化。

“环境设计”是建立在客观物质基础上，以现代环境科学研究成果为指导，创造理想生存空间的工作过程。人类理想的环境应该是生态系统的良性循环，社会制度的文明进步，自然资源的合理配置，生存空间的科学建设。这中间包含了自然科学和社会科学涉及的所有研究领域。因此环境设计是一项巨大的系统工程，属于多元的综合性边缘学科。

环境设计以原在的自然环境为出发点，以科学与艺术的手段协调自然、人工、社会三类环境之间的关系，使其达到一种最佳的运行状态。环境设计具有相当广的涵义，它不仅包括空间实体形态的布局营造，而且更重视人在时间状态下的行为环境的调节控制。正如美国环境设计丛书编辑理查德·道白尔所说：“环境设计是比建筑范围更大，比规划的意义更综合，比工程技术更敏感的艺术。这是一种实用的艺术，胜过一切传统的考虑，这种艺术实践与人的机能紧密结合，使人们周围的事物有了视觉秩序而且加强和表现了所拥有的领域。”环境设计比之环境艺术具有更为完整的意义。环境艺术应该是从属于环境设计的子系统。

同样，为了不致使公众对环境设计概念的理解产生偏差，我们仍然采用了与“设计 · design”相同的组词处理手法，对环境设计冠以“环境艺术设计”的全称，以满足目前社会不同文化层次认识水平的需要。显然这个词组包括了环境艺术与设计的全部概念。

环境艺术品创作是有别于艺术品创作的。环境艺术品的概念源于环境艺术设计，几乎所有的艺术与工艺美术门类，以及它们的产品都可以列入环境艺术品的范围。但只要加上“环境”二字，它的创作就将受到环境的限定和制约。以达到与所处环境的和谐统一。（图 4）

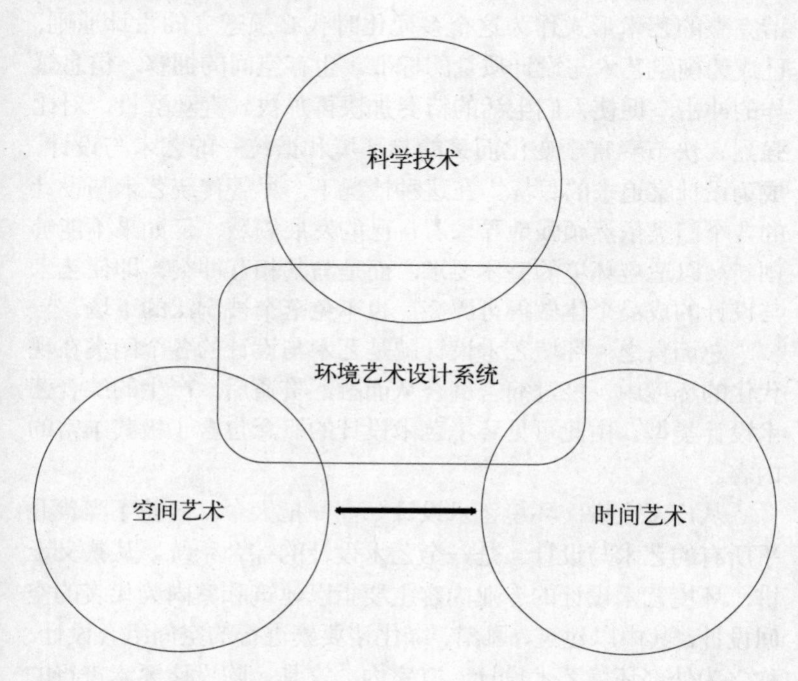


图 4　环境艺术设计系统

## 二、广义与狭义的环境艺术设计

环境艺术设计的产生，完全是现代化的结果。当人类即将进入 21 世纪的时候，已经有 1/3 的人生活在城市，展现在我们面前的是：快速的交通工具，迅捷的通讯方式，拥挤的街道，密如蚁群的人流，比肩继踵的高楼大厦。伴随着信息时代的到来，世界人口急剧膨胀，城市滚雪球式的畸形发展，使我们的生存空间变得越来越狭小。数十年间的变化，远远超过人类历史上的任何一个时期。

在农耕时代，城镇的规模要小得多，建筑的类型相对显得简单，由此形成的空间造型与它所在的环境容易取得谐调。各类环境艺术品有着相对固定的位置和较为宽松的观赏时空。古典主义的艺术作品正是在这样的环境下产生发展的。诸如西方的雕塑，东方的书画，都与建筑有着密不可分的关系，由此演化的东西方古典主义艺术，呈现出千姿百态的风格。文化在时空中积淀，逐渐形成符合于特定时代的模式。我们不可想象没有雕塑的古希腊古罗马建筑会是什么样子，同样不可想象没有书法匾额楹联装饰的中国古典建筑会是什么样子。

进入信息化时代，东西方文化交流融汇的速度骤然加快，国际化和民族化共处，统一、多元成为时代最显著的特征。和谐完整的艺术形式作为这个多元化时代必须遵守的设计原则，已成为衡定艺术与设计质量的标准。生存空间的拥塞，信息爆炸的冲击，促使人们生活的节奏加快再加快。直观醒目、对比强烈、快节奏富于变化而又能与环境和谐统一的艺术与设计，成为设计家追求的目标。在这种情况下，尽管传统艺术与设计的各个门类依然顽强地寻求着自己的发展领域，但如果不能够创新，以适应环境的整体要求，而是与其相互冲突，即使艺术与设计的成品个体做得再漂亮，也不免落个被淘汰的下场。

总而言之，环境艺术设计就是艺术与设计的各个门类在现代化的环境中，经过痛苦磨合从而融汇贯通后，产生的综合艺术设计类型。由此可见环境艺术设计的概念包含了极其丰富的内容。

从广义上讲：环境艺术设计如同一把大伞，涵盖了当代几乎所有的艺术与设计。是一个艺术设计的综合系统。从狭义上讲：环境艺术设计的专业内容主要指以建筑和室内为代表的空间设计。其中以建筑、雕塑、绿化诸要素进行的空间组合设计，称之为外部环境艺术设计；以室内、家具、陈设诸要素进行的空间组合设计，称之为内部环境艺术设计。前者也可称为景观设计，后者也可称为室内设计。这两者成为当代环境艺术设计发展最为迅速的两翼。（图5）

广义的环境艺术设计目前尚停留在理论探讨阶段，具体的实施还有待于社会环境的进步与改善。同时也要依赖于环境科

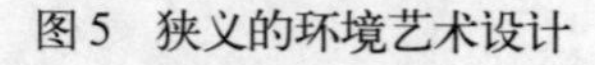
图5 狭义的环境艺术设计

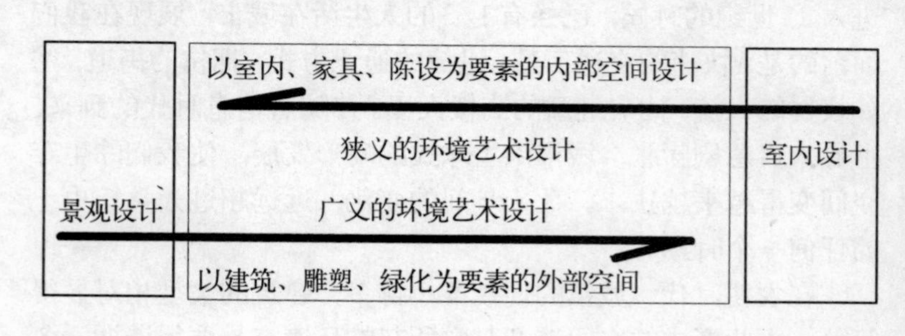

学技术新的发展成果。因此我们在这里所讲的环境艺术设计主要是指狭义的环境艺术设计。

## 三、作为环境艺术设计子系统的景观设计

环境艺术设计是一门时空表现的艺术。它的原在要素源于现代物理学的时空概念。按照爱因斯坦的理论：我们生存的世界是一个四维的时空统一连续体。

在环境艺术设计中时空的统一连续体，是通过客观空间静态实体与动态虚形的存在，和主观人的时间运动相融来实现其全部设计意义的。因此空间限定与时间序列，成为环境艺术设计最基本的构成要素。

在环境艺术设计中，只有对空间加以目的性的限定，才具有实际的设计意义。空间三维坐标体系的三个轴x、y、z，在设计中具有实在的价值。x、y、z相交的原点，向x轴的方向运动，点的运动轨迹形成线；线段沿z轴方向垂直运动，产生了面；整面沿y轴向纵深运动，又产生了体。体由于点、线、面的运动方向和距离的不同，呈现出不同的形态。诸如方形、圆形、自然形等等。不同形态的单体与单体并置，形成集合的群体，群体之间的虚空，又形成若干个虚拟的空间形态。

从空间限定的概念出发，环境艺术设计的实际意义，就是研究各类环境中静态实体、动态虚形以及它们之间关系的功能与审美问题。

由空间限定要素构成的建筑，表现为存在的物质实体和虚无空间两种形态。前者为限定要素的本体，后者为限定要素之间的虚空。从环境艺术设计的角度出发，建筑界面内外的虚空都具有设计上的意义。显然，从环境的主体——人的角度出发：限定要素之间的“无”，比限定要素的本体“有”，更具实在的价值。

时间和空间都是运动着的物质的存在形式。环境中的一切现象，都是运动着的物质的各种不同表现形态。其中物质的实物形态和相互作用场的形态，成为物质存在的两种基本形态。物理场存在于整个空间，如电磁场、引力场等。带电粒子在电磁场中受到电磁力的作用，物体在引力场中受到万有引力的作用。实物之间的相互作用就是依靠有关的场来实现的。场本身具有能量、动量和质量，而且在一定条件下可以和实物相互转化。按照物理场的这种观点，场和实物并没有严格的区别。环境艺术设计中空间的“无”与“有”的关系，同样可以理解为场与实物的关系。

作为实物的空间限定要素，使建筑成为一个具有内部空间

的物质实体。当建筑以独立的实物形态矗立于环境之中时，它同样会产生场的效应，从而在它影响力所及的范围内形成一个虚拟的外部空间。

空间限定场效应最重要的因素是尺度。空间限定要素实物形态本身和实物形态之间的尺度是否得当，是衡量环境艺术设计成败的关键。协调空间限定要素中场与实物的尺度关系，成为环境艺术设计师最显功力的课题。

我们讲环境艺术设计是一门时空连续的四维表现艺术，主要点也在于它的时间和空间艺术的不可分割性。虽然在客观上空间限定是基础要素，但如果没有以人的主观时间感受为主导的时间序列要素穿针引线,则环境艺术设计就不可能真正存在。环境艺术设计中的空间实体主要是建筑，人在建筑的外部和内部空间中的流动，是以个体人的主观时间延续来实现的。人在这种时间顺序中，不断地感受到建筑空间实体与虚形在造型、色彩、样式、尺度、比例等多方面信息的刺激，从而产生不同的空间体验。人在行动中连续变换视点和角度，这种在时间上的延续移位就给传统的三度空间增添了新的度量，于是时间在这里成为第四度空间，正是人的行动赋予了第四度空间以完全的实在性。在环境艺术设计中第四度空间与时间序列要素具有同等的意义。(图6)

在环境艺术设计中常常提到空间序列的概念，所谓空间序列在客观上表现为建筑外部与内部空间以不同尺度的形态连续排列的形式。而在主观上这种连续排列的空间形式则是由时间序列来体现的。由于空间序列的形成对环境艺术设计的优劣有

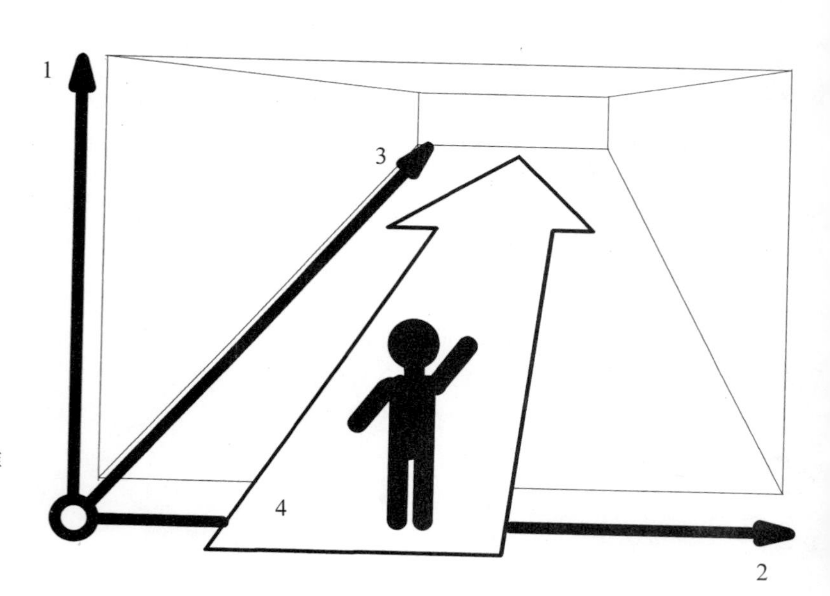


图6 四维空间的构成－1、2、3维是空间要素；第四维是时间要素

最直接的影响，因此从人的角度出发，时间序列要素就成为与空间限定要素并驾齐驱的环境艺术设计基础要素。

景观设计正是建立在空间限定与时间序列两大基础要素概念之上的环境艺术设计子系统。（图7至图12）

图 7 景观的尺度

以人的固定视觉感受而言，不同尺度的形态空间会形成不同的景观意识，这种意识体现在设计上就形成了以不同尺度单位为基础的景观尺度概念。以Km为尺度概念进行设计的城市景观；以m为尺度概念进行设计的建筑景观；以Cm为尺度概念进行设计的室内景观。

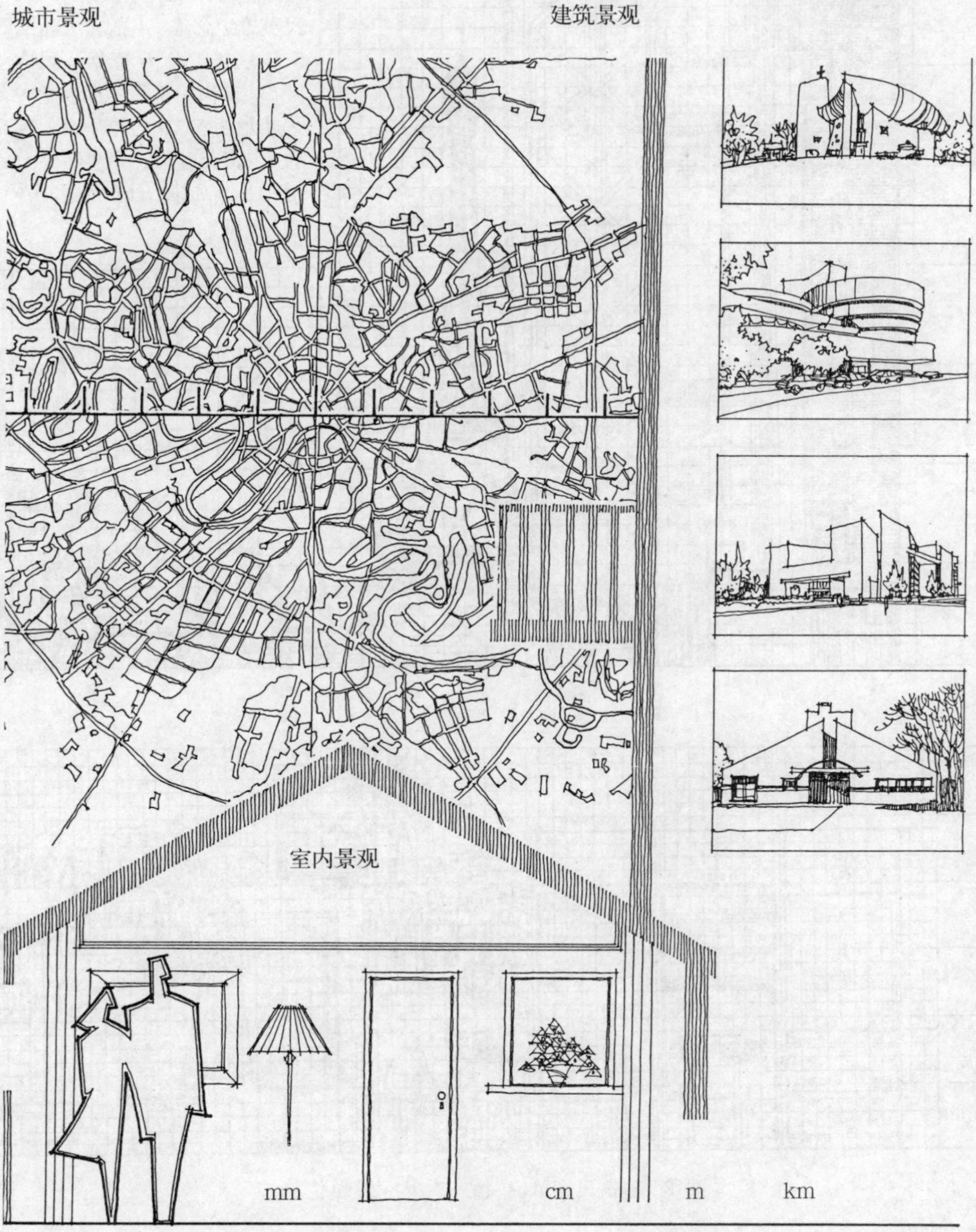

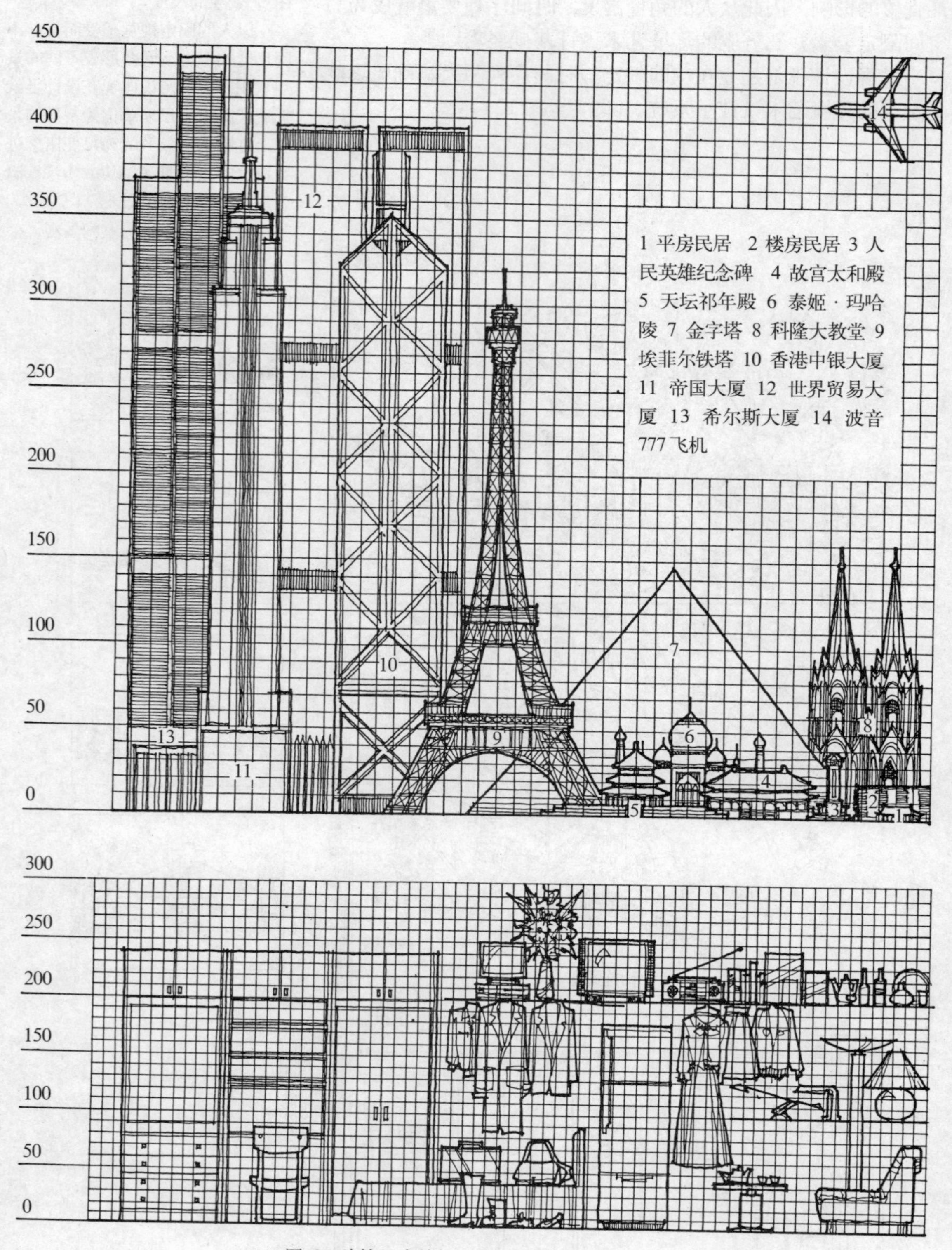


图 8 建筑尺度单位：m 与室内尺度单位 cm

## 外部空间

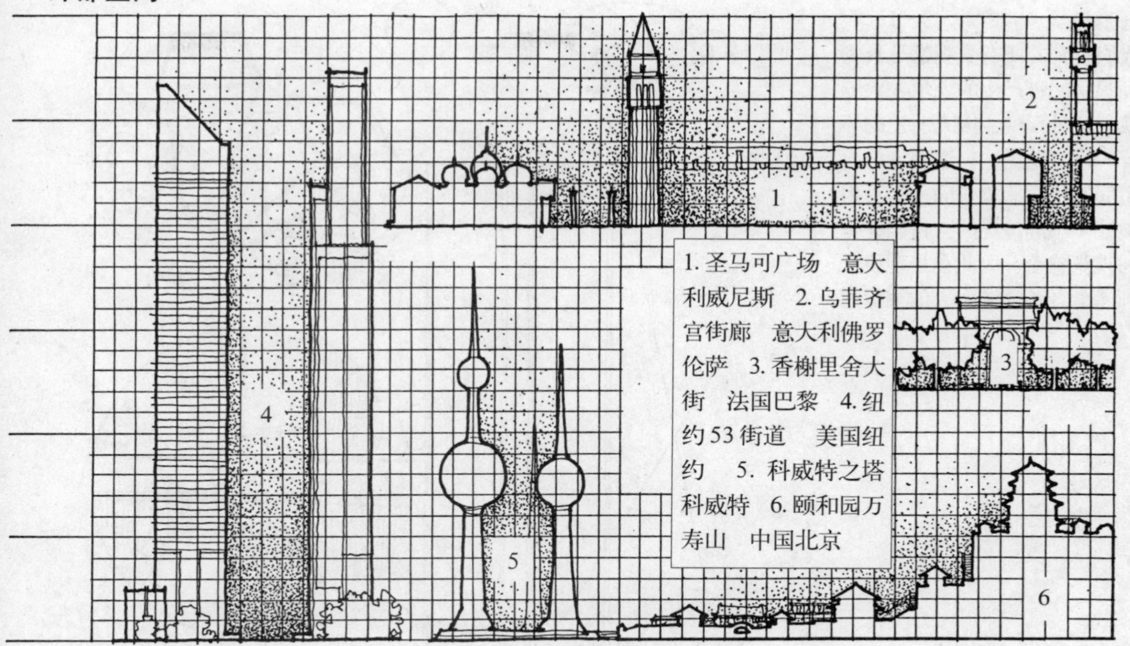


内部空间

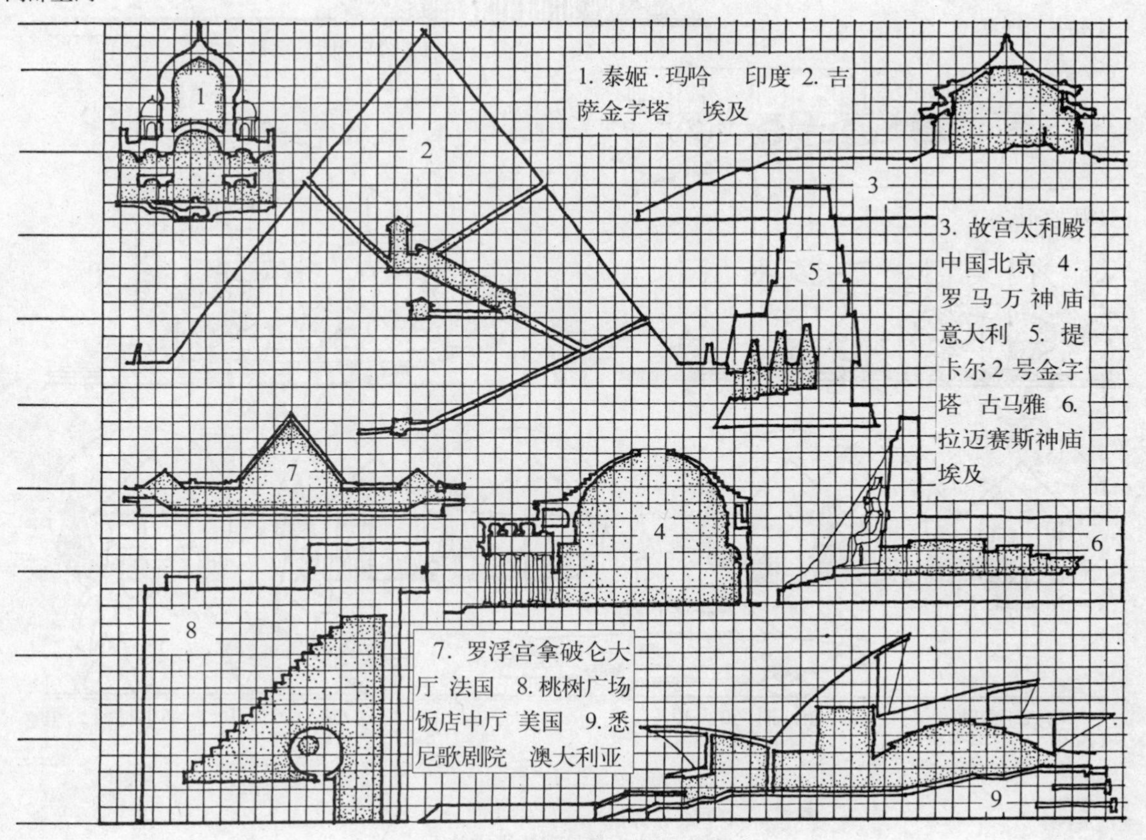


图 9　外部空间与内部空间

视线与景观

我们看到的所有景观都是景物通过人眼视网膜产生的映象在大脑的反映。这种反映会因人所处的环境位置、视线范围、行进速度产生完全不同的视觉印象。同一景观因此会被处于不同境况的人得出完全不同的视觉感受。因此在景观设计中必须考虑各种环境中人的视觉感受。

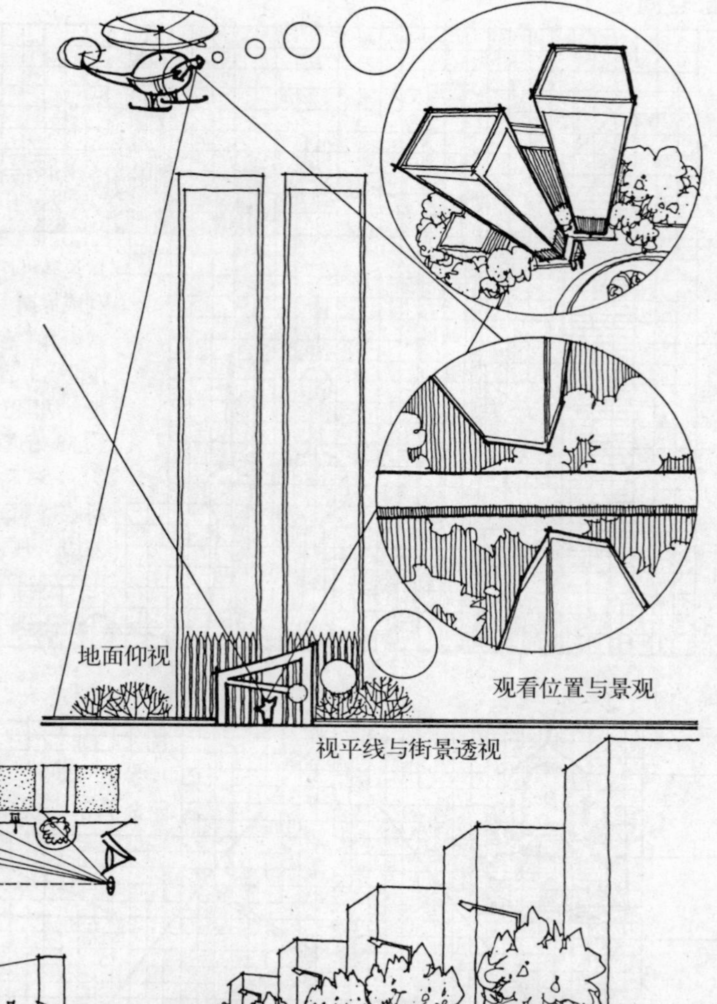


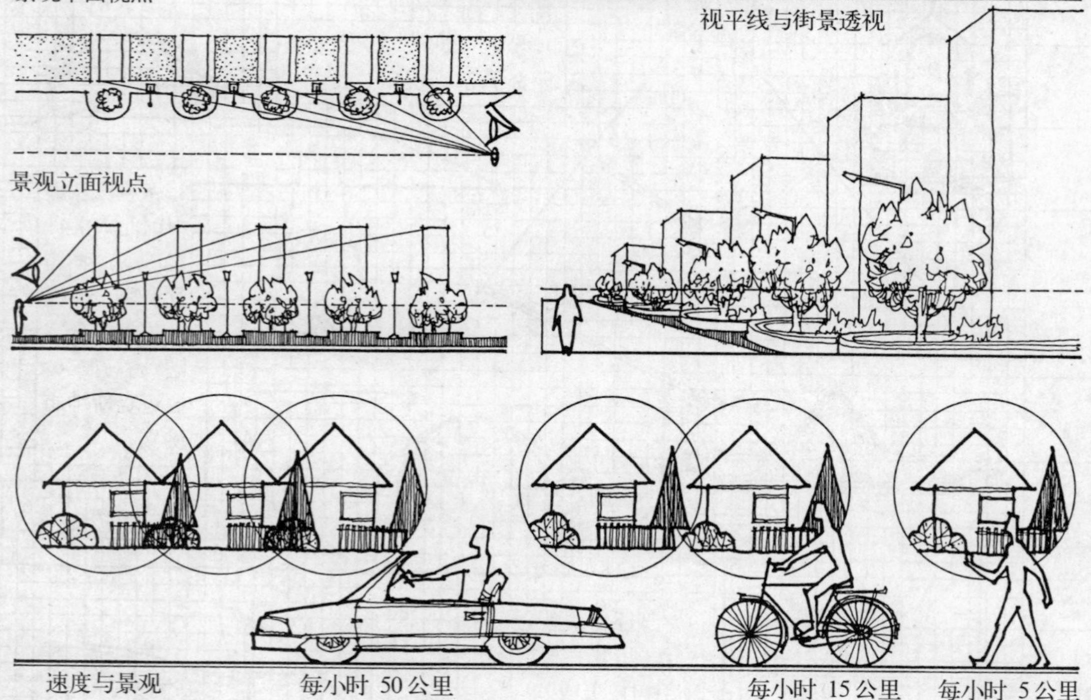


图 10 人与景观的视觉关系

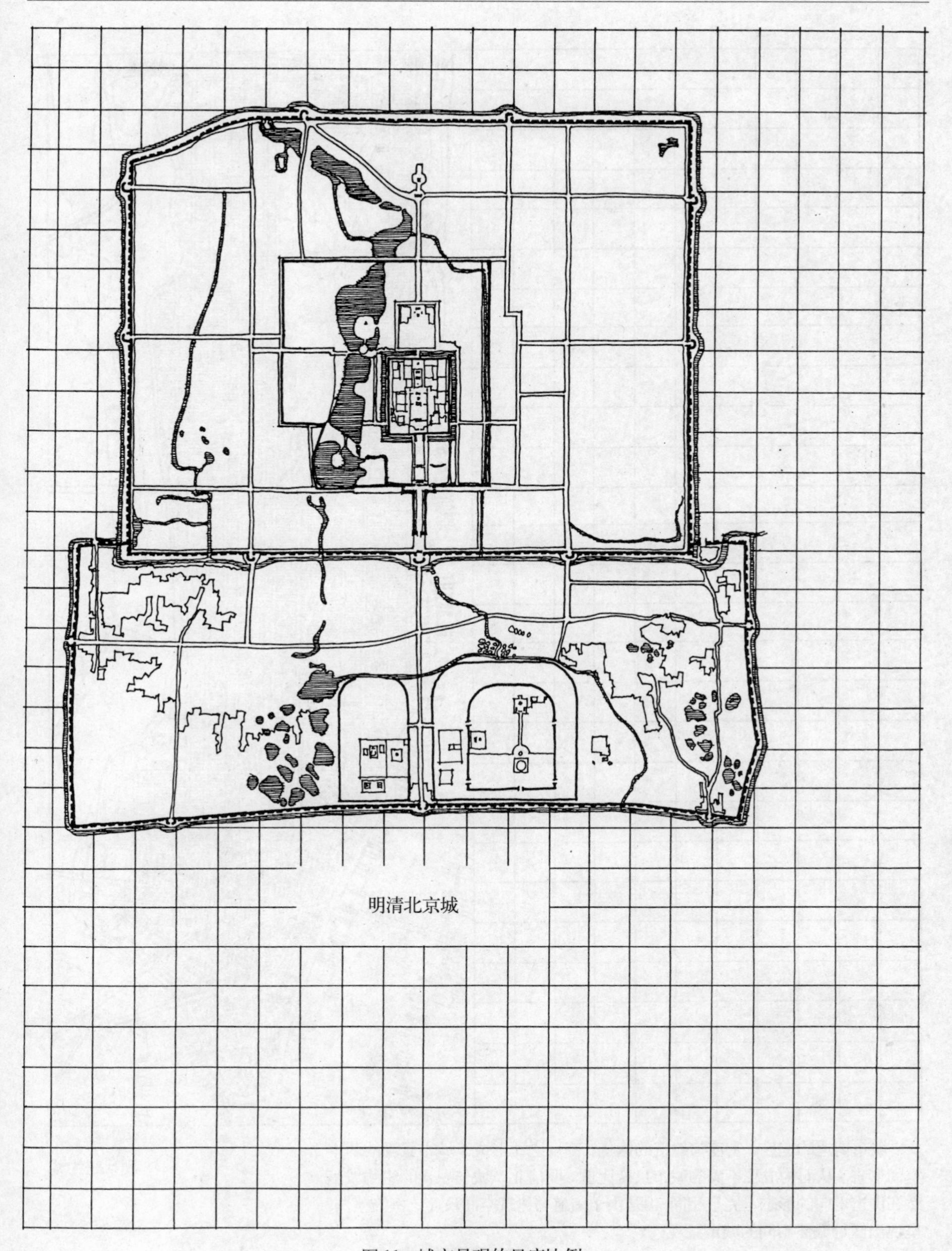


图 11　城市景观的尺度比例

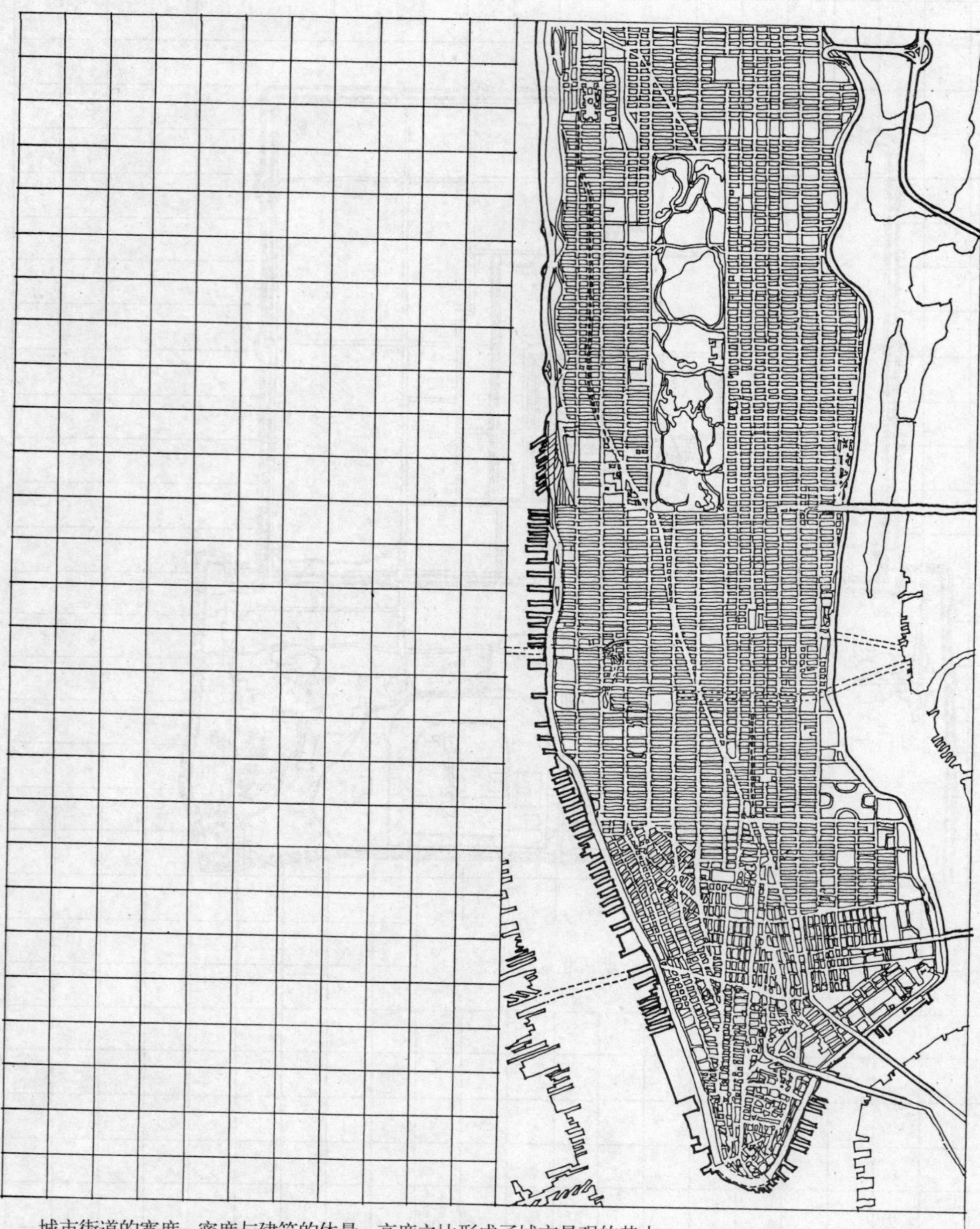

城市街道的宽度、密度与建筑的体量、高度之比形成了城市景观的基本空间形态，从而构成了不同的城市尺度比例。明清北京城与现代的纽约城虽然在街道走向的形态上完全相同，但是由于街道与建筑空间尺度比例的差异，呈现出两种截然不同的城市景观。

现代纽约城

图 12 城市景观的尺度比例

# 第二节 景观设计的内容

景观(Landscape) 是一个地理学名词。它包含了三种概念:即一般的概念、特定区域的概念、类型的概念。泛指地表自然景色是“景观”的一般概念;专指自然地理区划中起始的或基本的区域单位是“景观”的特定区域概念;同一类型单位的通称是“景观”的类型概念。而在景观学中则主要指特定区域的概念。由于在狭义的环境艺术设计概念中建筑的外部空间组合设计也是一个特定区域的概念,因此将以建筑、雕塑、绿化诸要素综合进行的外部空间环境设计,冠以景观设计的名称也就显得顺理成章了。(图 13)

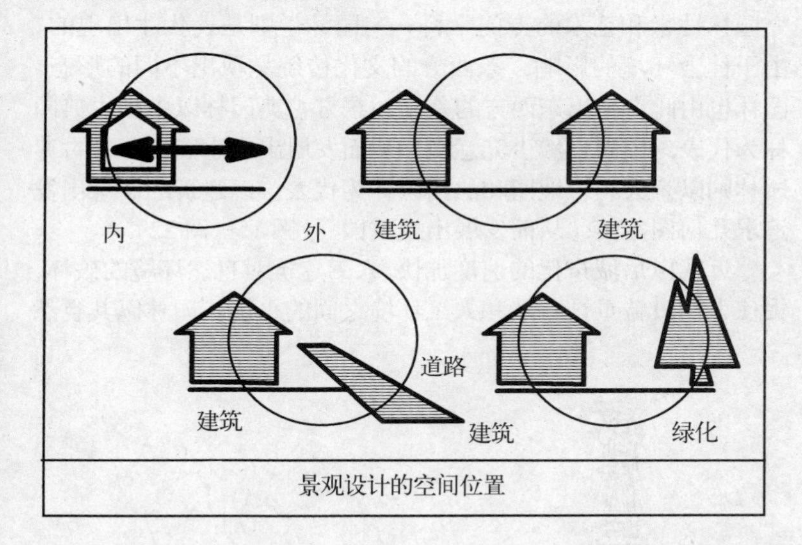


图 13 景观设计的空间位置

景观设计虽然是建立在环境艺术设计概念之上的艺术设计门类,但它所蕴含的内容却涉及到美术、建筑、园林和城市规划四个专业。景观设计最通俗的解释就是美化环境景色,可以说它是以塑造建筑外部的空间视觉形象为主要内容的艺术设计。这是一个综合性很强的环境系统设计:它的环境系统是以园林专业所涵盖的内容为基础;它的设计概念是以城市规划专业总揽全局的思维方法为主导;它的设计系统是以美术与建筑专业的构成要素为主体。(图 14)

图14 景观设计·综合性的环境系统设计

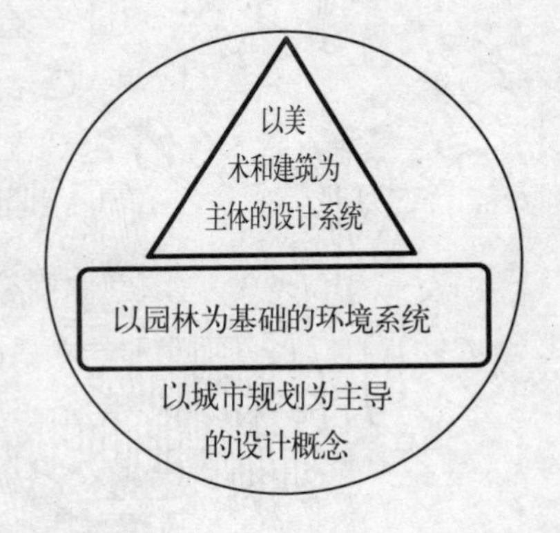


## 一、以园林为基础的环境系统

“人类同自然环境和人工环境是相互联系、相互作用的。园林学是研究如何合理运用自然因素(特别是生态因素)、社会因素来创建优美的、生态平衡的人类生活境域的学科。”(汪菊渊:《中国大百科全书·建筑 园林 城市规划卷》第九页)因此将景观设计建立在园林学为基础的环境系统上，是符合环境艺术设计基本概念的。

园林是在一定的地理境域中以工程技术和艺术手段，通过筑山、叠石、理水、绿化、建筑、置路、雕塑来创造美的环境。园林的环境系统是由土地、水体、植物、建筑这四种基本要素构成的。在这四种要素中前三种原本属于自然环境的范畴，在经过了人为的处理后，形成了造园的专门技艺，从而使其转化为人工环境。而后一种要素——建筑，本身就是人工环境的主体。

园林有着自己悠久的历史，中国、西亚和希腊是世界园林三大系统的发源地。从中产生了灿烂的古代园林文化。作为研究园林技术和艺术的专门学科——园林学则是近代才出现的。由于社会环境的影响，东西方的文化传统呈现出不同的形态。园林也由此产生出东西方的差异。东方古典园林以中国古典园林为代表，崇尚自然讲究意境，从而发展出山水园；西方古典园林则以意大利台地园和法国园林为代表，以建筑的概念出发追求几何图案美，从而发展出规整园。（图 15- 图 22）

近代以后城市化的速度加快，人工建筑对自然环境的破坏，促使人们日益重视自然和人工环境之间的平衡，园林以其自然

图 15　中国古典园林 · 北京北海

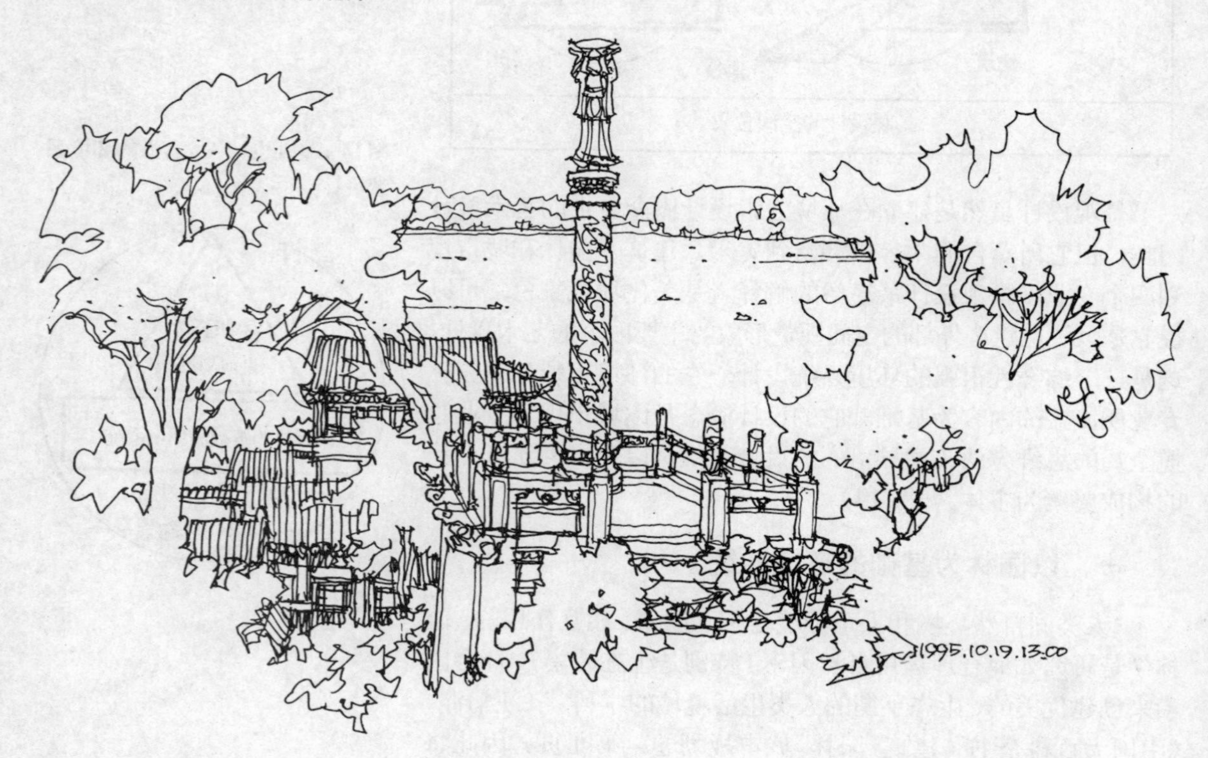

要素占绝对优势的地位，很快在城市规划系统中占据了重要的位置。以绿化为主协调城乡发展的“大地景观”(earthscape)概念，使有计划地建设城市园林绿地系统，成为现代城市规划设计中最重要的基础环节之一。

我们在这里所讲的景观设计，实际上也是立足于城市规划系统之上的。它的设计虽然涉及到建筑、园林、美术等艺术门类，但其基本的环境系统要素却是构成园林专业的基础要素。

图16　中国古典园林·北京北海

图 17- 图 18 中国古典园林 · 北京故宫御花园

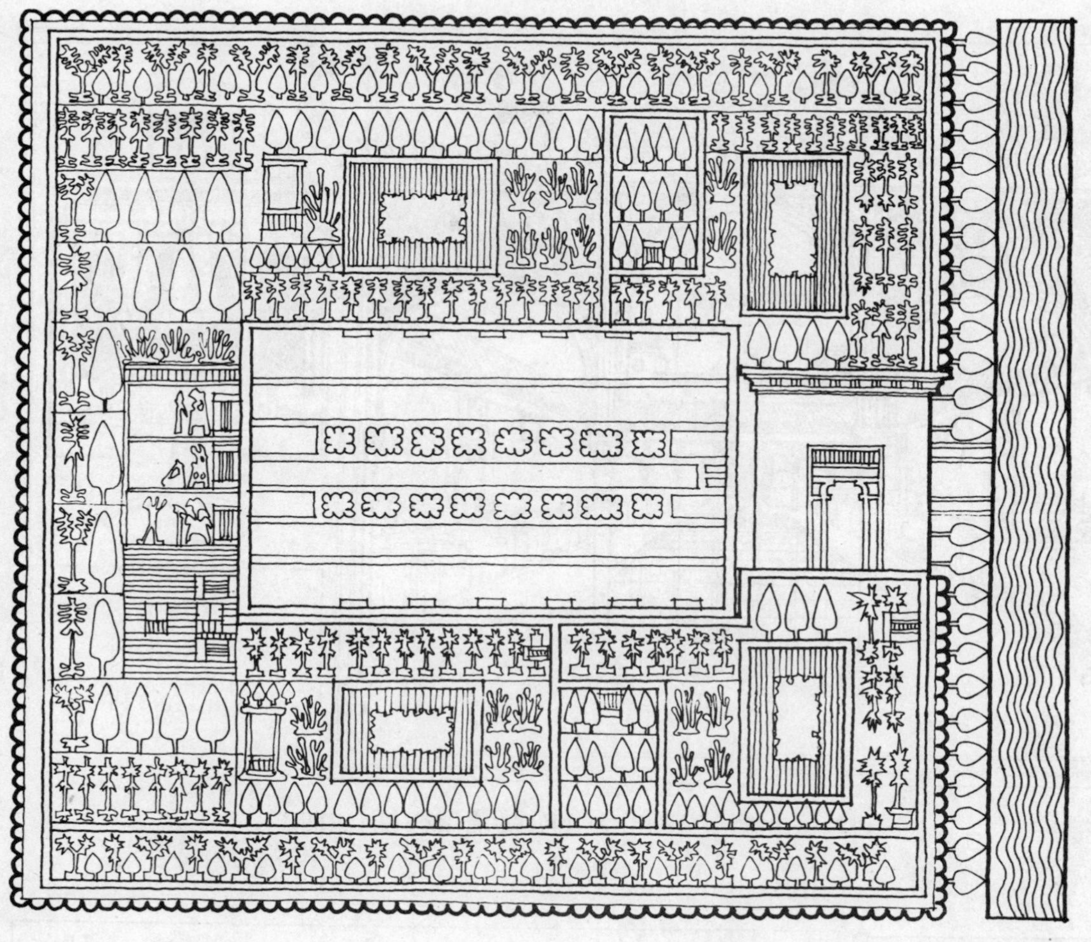

图 19　古埃及园林图

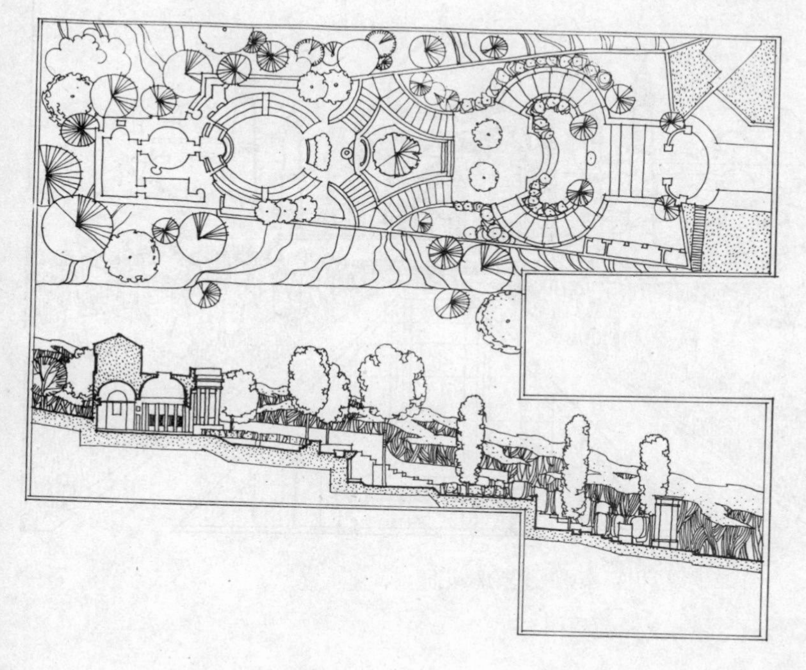

图 20　意大利台地园

图 21　伊斯兰风格的阿尔汗布拉宫庭院 · 狮子院 · 玉泉院

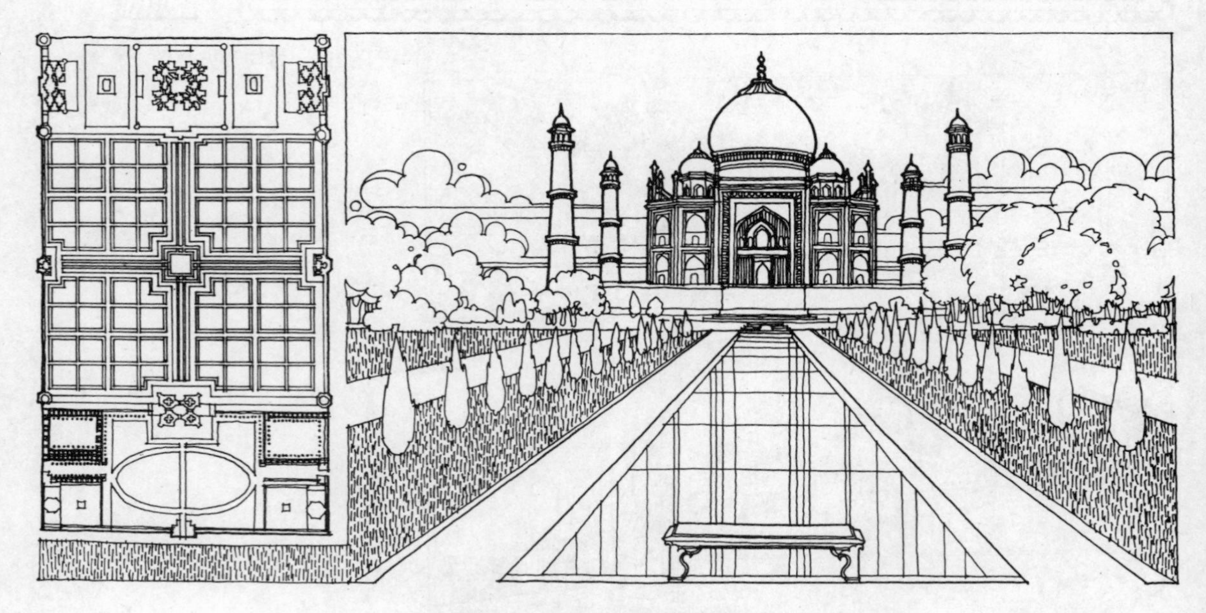

图 22　古印度 泰姬 · 玛哈陵花园

只不过景观设计的特定区域性更强。一般来讲，景观设计是以建筑组成的特定环境为背景，（如广场、街区、庭院）有一个标识性强的主体艺术品作为该环境的中心，而形成的具有一定审美意趣可供观赏的人工风景。因此景观设计是以协调主体观赏点与所处环境的关系为主旨的。它研究的内容并不是环境系统本身，它只是以园林专业的基础要素作为自己的环境系统。在对自然因素的研究方面远没有达到园林学所涉及的深度和广度。（图 23- 图 26）

图 23- 图 24　以影壁、铜炉作为主体物的园林景观 · 北京北海

图 25 以绿化作为主体物的建筑景观 · 巴西教堂

图 26 以雕塑作为主体物的建筑景观 · 罗马天使古堡

## 二、以城市规划为主导的设计概念

景观设计既然是一门涉及面极广的艺术设计学科，那么它的设计必然是建立在自己环境系统之上的总体综合性系统概念。要树立起这样的设计概念显然不能以一般造型艺术的设计方法作为立意的出发点。因为景观设计中标识性强的主体艺术品通常都是以协调环境中实体与虚形关系的砝码出现的。只有单体造型能力，缺乏总体环境意识，是很难做好景观设计的。因此了解城市规划专业的一般知识，以城市规划设计的概念去主导景观设计，就成为设计概念确立的重要环节。

城市规划属于建筑学的范畴。“城市的发展是人类居住环境不断演化的过程，也是人类自觉和不自觉地对居住环境进行规划安排的过程。”（吴良镛:《中国大百科全书 · 建筑 园林 城市规划卷》第14页）虽然在古代也有不少城市规划的典范，如古罗马的罗马城，中国明清的北京城。但是城市规划学科的形成则是在工业革命之后。大工业的建立使农业人口迅速向城市集中。城市的规模在盲目的发展中不断扩大，由于缺乏统一的规划使得城市居住环境日益恶化。在这样的形势下人们开始从各方面研究对策，从而形成了现代的城市规划学科。城市规划理论、城市规划实践、城市建设立法成为构成现代城市规划学科的三个部分。

在建筑学的所有门类中，城市规划是一个较为宏观的专业，同时也是一个相对年轻的发展中专业，很多问题在学术界尚无定论。尤其是在出现了超大城市集团群落的当代，城市规划专业更多的是探讨研究课题，以求能够解决实际问题。于是，城市布局模式、邻里和社会理论、城市交通规划、城市美化和城市设计、城市绿化、自然环境保护与城市规划、文化遗产保护与城市规划等等课题，就成为构成现代城市规划设计的全部内容。

从城市规划所包含的内容来看，更多的是属于总体性的战略宏观设计问题，虽然也有涉及实物的具体详细规划，但从城市规划设计的具体运作方式来看，规划设计部门所扮演的主要是政府的政策性宏观调控作用，很难直接影响到对建筑物、街道、广场、绿化、雕塑等具体要素的造型设计协调。这类工作往往由建筑师、园艺师、市政工程师承担，由于现代城市的庞大规模以及城市功能、建筑功能的日趋复杂，这些专业设计师往往自顾不暇，远不能深入到具体的环境艺术设计。建筑内外、建筑与建筑、建筑与道路、建筑与绿化、建筑与装饰之间的空间过渡部分几乎处于设计的空白。只有以城市规划为主导设计

概念的景观设计，才能从环境艺术设计的角度出发，对这些被遗漏的边缘空间进行设计，担当起环境美化的重任。（图27－图29）

图27－图28　城市街道系统规划平面

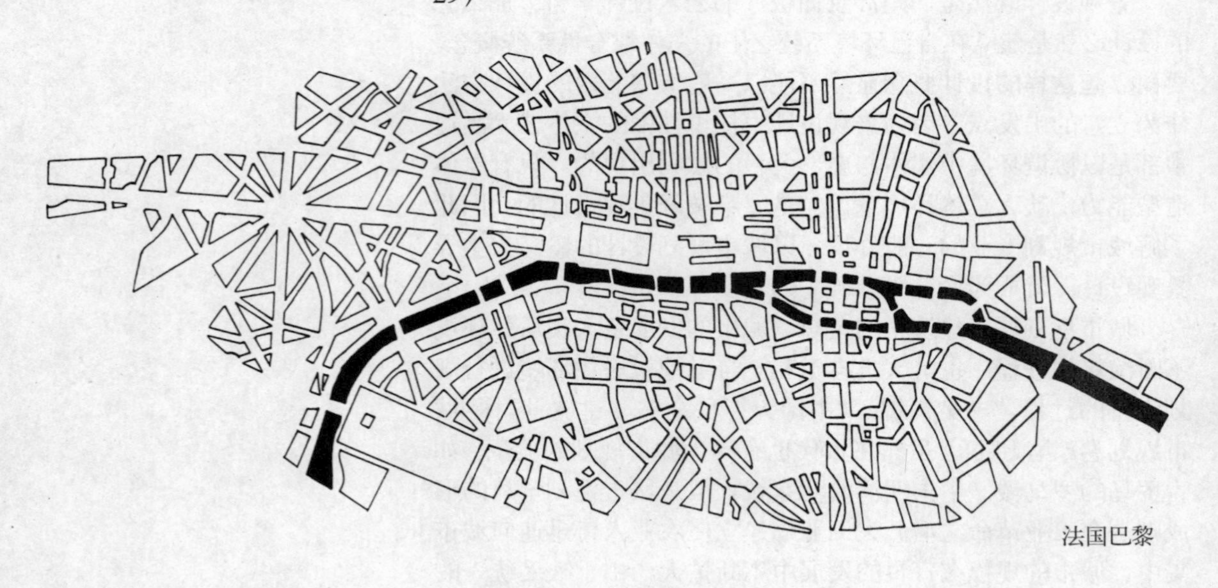

法国巴黎

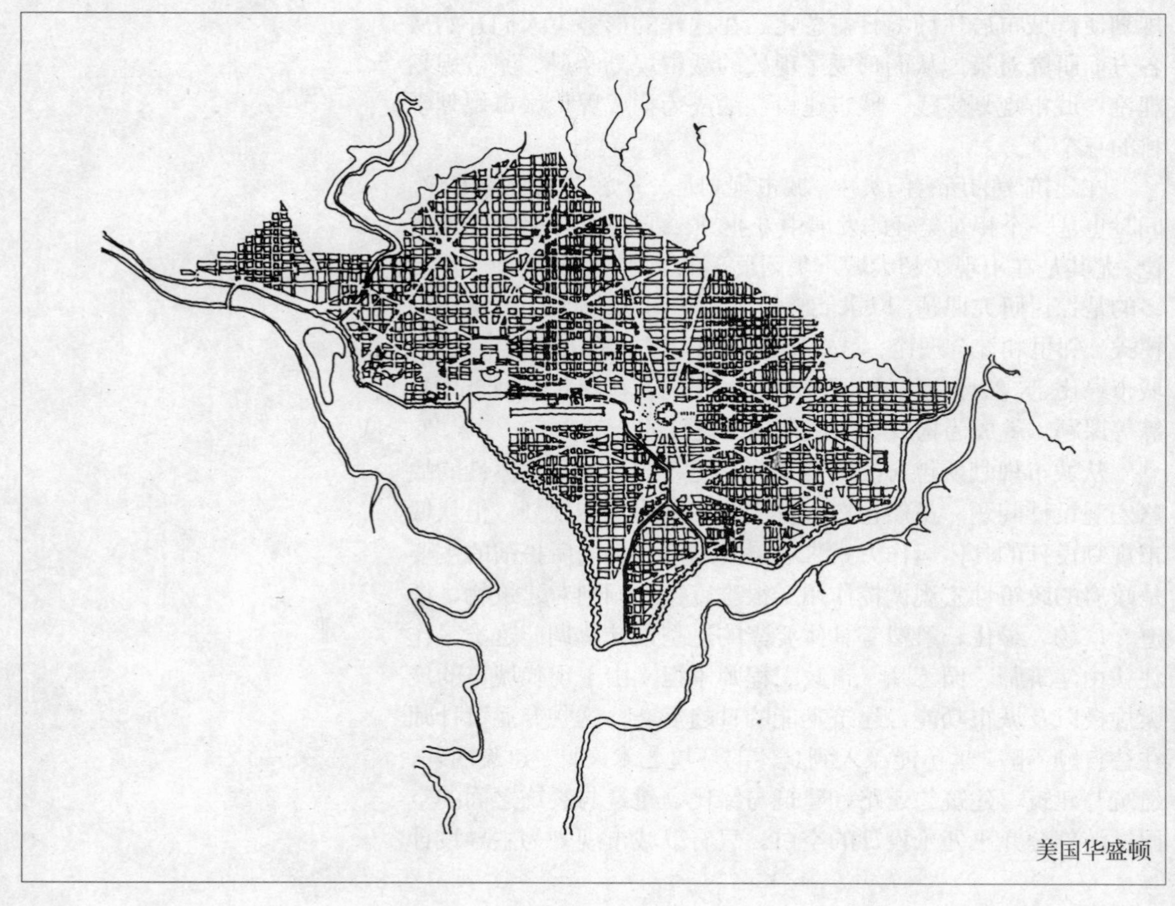

美国华盛顿

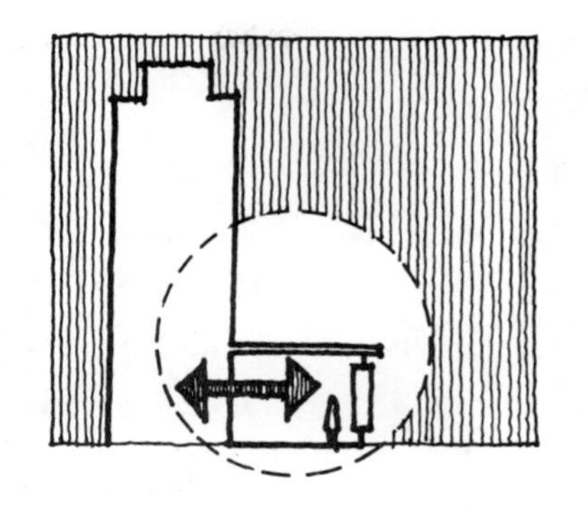

建筑内外

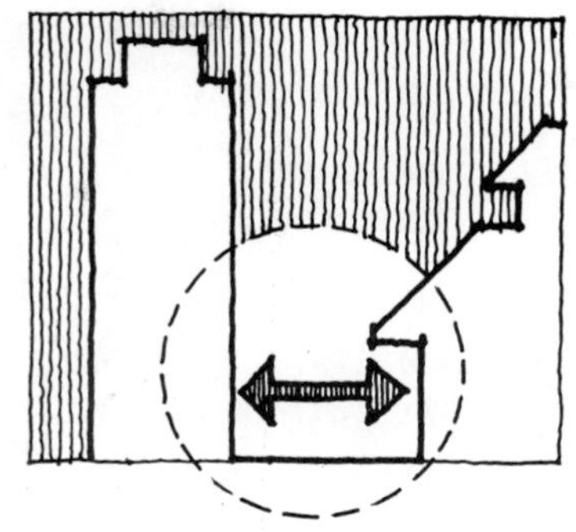

建筑与建筑

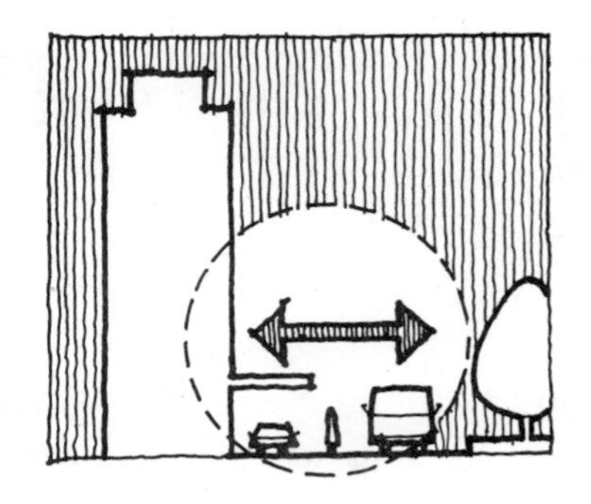

建筑与道路

建筑与绿化

图29　被各类设计系统忽略的边缘空间

## 三、以美术和建筑作品为主体的设计系统

就像一篇文章要有主题，一首乐曲要有主旋律一样，景观设计同样也有自己的主体。由于景观设计通常是以标识性强的造型实体作为设计的主体，所以在一个特定的环境区域中，往往是以美术作品和建筑物的构成要素作为环境的主体，同时在环境系统的空间构图、尺度比例、色彩质感等方面注意协调与周边景物的关系。从而形成景观设计自己完整的设计系统。

美术和建筑同属于空间造型艺术。美术亦称“造型艺术”，通常指绘画、雕塑、工艺美术、建筑艺术等。它的特点是通过可视形象创造作品。可见建筑艺术属于美术的范畴。但是建筑艺术又有着自身的特殊性。建筑：建筑物和构筑物的通称。工程技术和建筑艺术的综合创作。“建筑学在研究人类改造自然的技术方面和其他工程技术学科相似。但是建筑物又是反映一定时代人们的审美观念和社会艺术思潮的艺术品，建筑学有很强的艺术性质，在这一点上和其他工程技术学科又不相同。”（戴念慈、齐康：《中国大百科全书 · 建筑 园林 城市规划卷》第6页）建筑在提供了人们社会生活的种种使用功能之外，又以其自身空间和实体所构成的艺术形象，在构图、比例、尺度、色彩、质感、装饰等方面，通过视觉给人以美的感受。

在以往的建筑和园林设计系统中虽然也应用绘画和雕塑。但是往往由于美术创作者的个性太强，缺乏环境整体意识，最后完成的作品不能形成完美的景观。这与景观设计以美术和建筑作品为主体的设计系统有着本质的区别。因为在景观设计中主体与环境的关系是互为依存的，它的设计系统是建立在环境艺术设计概念之上的。这个设计系统非常强调设计的整体意识。因为整体意识原本就是艺术创作最基本的法则。

整体意识同样也是艺术设计创作最基本的法则。因为设计本身就是艺术与科学的统一体，审美因素和技术因素综合体现在同一件作品上，使美观实用成为衡量艺术设计成败的标准。艺术审美的创作主要依据感性的形象思维；科学技术的设计主要依据理性的逻辑思维。而艺术设计恰恰需要融合两种思维形式于一体。如果没有整体意识，以美术和建筑作品为主体的设计系统是很难进入艺术设计创作思维的。

在单项的艺术和艺术设计创作中具有整体意识，并不意味着具备了景观设计的环境整体意识。由于创新和个性是艺术创作的生命，每一个艺术家和设计师在进行创作时总是尽可能地标新立异，尽管在完成的每一件作品中创作的整体意识很强，却不一定能与所处的环境相融合。一件具象的古典主义雕塑，尽管本身的艺术性很强，造型的整体感也不错，而且人物的面部表情塑造的非常丰富，细部处理也很精致，但是人们却把它安放在高速公路边的草坪里，人们坐在飞驰的汽车里一晃而过，根本就不可能有时间细心地观赏。一件很好的艺术品放错了地方，说明公路规划的设计者缺乏设计的环境整体意识。城市街道两旁的绿地经常可以看到用铸铁件做成的栅栏，往往要被设计成梅兰竹菊之类具有一定主题的图案，如果单看图案本身也许很漂亮，但是安装在赏心悦目生机勃勃的绿色植物周围，不免喧宾夺主大煞风景。诸如此类不但不为环境生色反而影响环境整体效果的例子还很多。所有这些都是缺乏环境整体意识的表现。

确立环境整体意识的设计概念，关键在于设计思维方式的改变。在很长一段时间里，艺术家和设计师总是比较在意自己作品的个性表现，注重作品本身的整体性，而忽视其在所处环境中的作用。以主观到客观的思维方式进行创作，期冀环境客体成为作品主体的陪衬，而不是将作品主体融合于环境客体之中。是艺术作品和设计实体服从于环境，还是凌驾于环境之上，成为时代衡量单项艺术和艺术设计创作成败的尺子。因此具备环境意识，具备环境整体意识的设计概念，处理好美术和建筑作品主体与环境系统客体之间的关系，就成为景观设计的关键。（图 30- 图 34）

## 第三节　景观设计教育的特点

景观设计教育属于高等艺术设计教育的范畴。高等教育学本身就是一门新兴学科，而高等艺术设计教育的历史就更短。由于边缘学科的特点，它的教育自然具有自身的特殊性。作为一个景观设计工作者，一方面要具备系统综合的设计思维能力；另一方面要掌握多种类的设计表现手段；同时还要培养设计项目实施的社会协调组织才干。因此景观设计的教学方法是一个多元的综合系统。在教学方法的口授法（讲授、谈话、讲读等）、直观法（演示、观察、参观等）、实践法（实习、实验、练习）中，更注重于实践法，是以实践法为中心，配合口授法和直观法的完整教学系统。

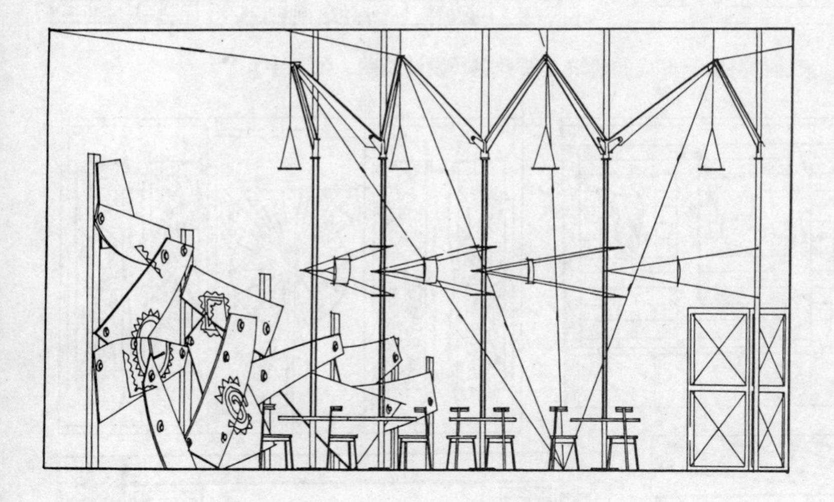

图30　室内空间构图整体景观(设计绘图：林君达)

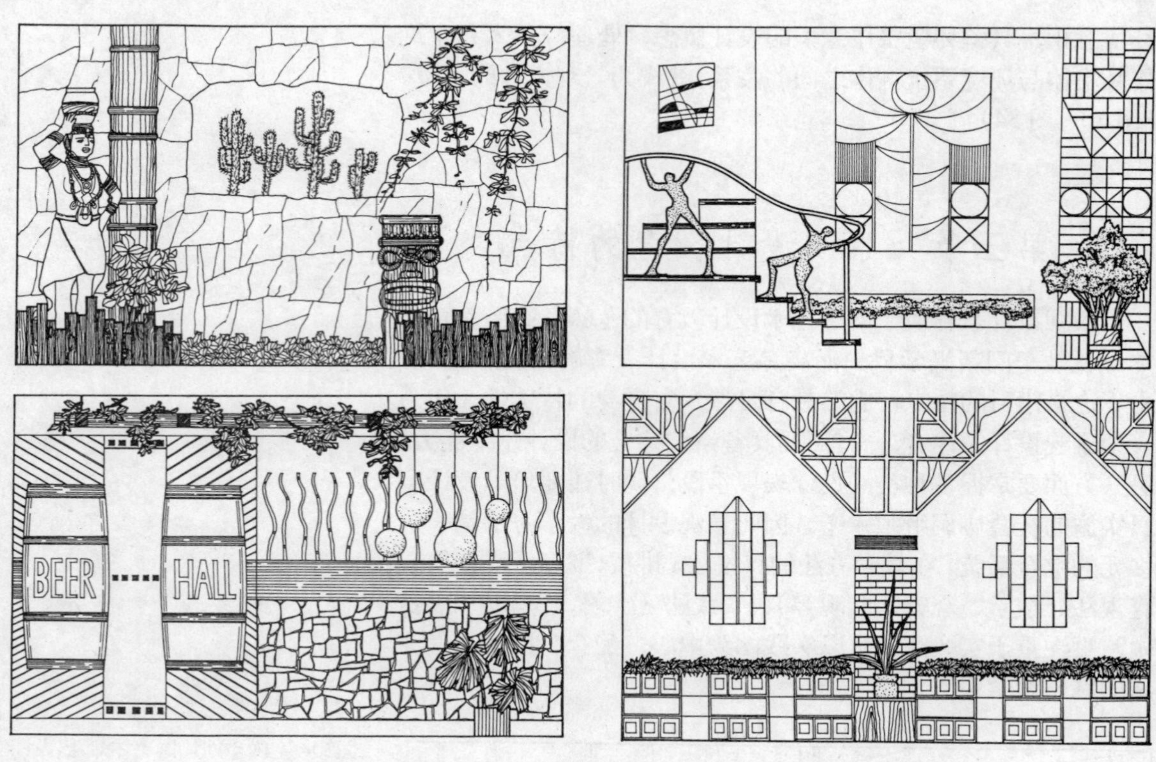


图 31 以绿化和天然材料组合形成的建筑立面景观（设计绘图：张鹏宇）

图 32 以雕塑、绘画、工艺品构成的建筑立面景观（设计绘图：张鹏宇）

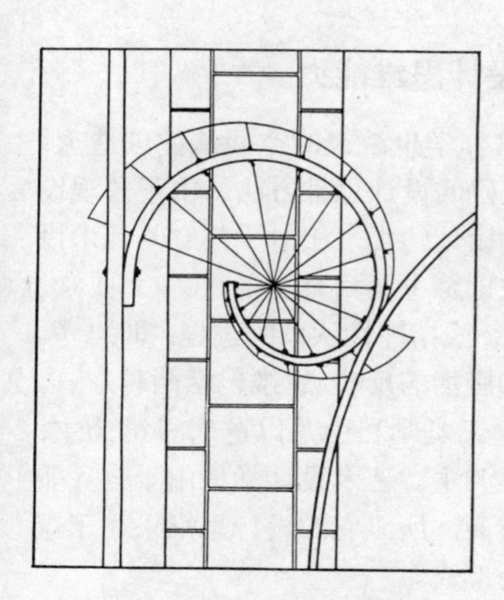

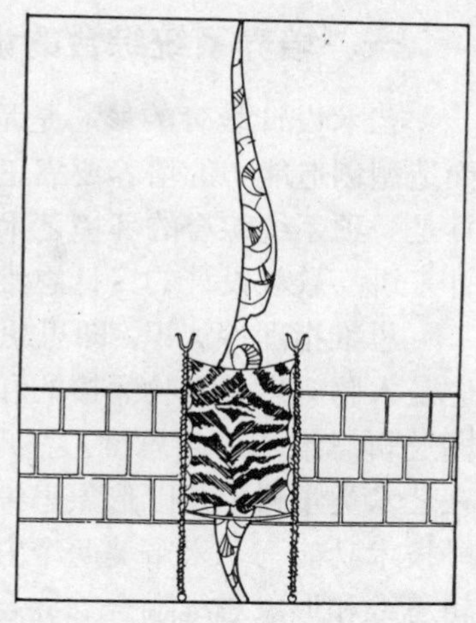

图33　以界面艺术装饰构成的建筑立面景观(设计绘图：王辰)

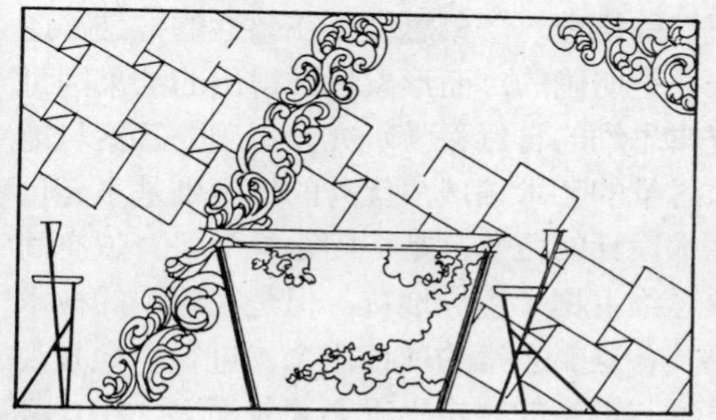

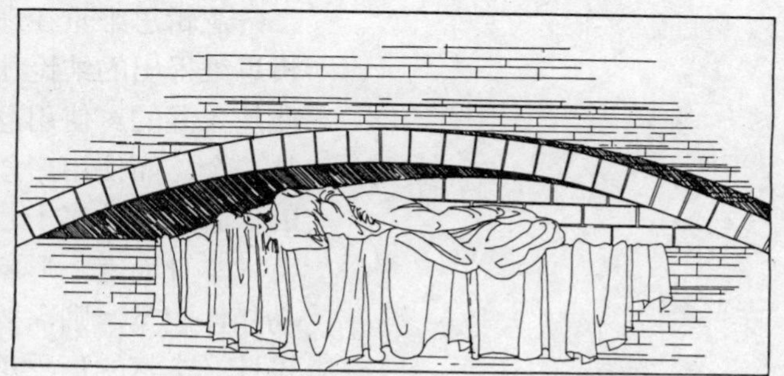

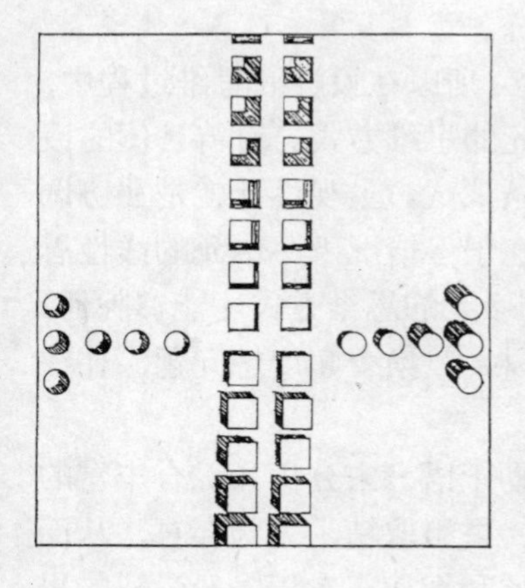

图34　以符合艺术规律具有图案美的结构界面形成建筑立面景观(设计绘图：王辰)

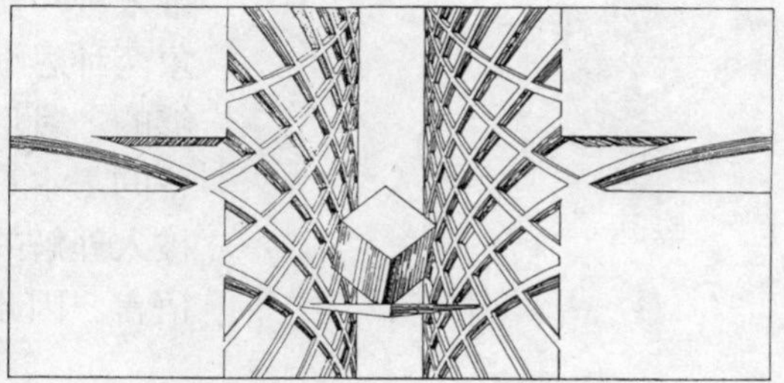

## 一、培养系统综合的设计思维能力

艺术设计教育的核心是培养学生敏锐的空间造型创造力。而造型创造能力的培养要靠正确的设计思维方法。由于景观设计是一项系统综合的环境艺术设计门类，相对于其它的艺术设计来讲，景观设计的设计思维训练也要相对复杂。

思维指理性认识，即思想；或指理性认识的过程，即思考。它是人脑对客观事物间接的和概括的反映。思维包括两种形式，即逻辑思维和形象思维。在理工类学科中是以逻辑思维为主；在艺术类学科中是以形象思维为主。艺术设计学科由于自身兼顾技术功能与艺术审美两个方面，所以它的设计思维采用了逻辑思维和形象思维融合的综合形式。

逻辑思维重在理性的推理，形象思维重在感性的推敲。逻辑思维得出的结论往往是明确的，而形象思维得出的结果则可能是含混的。使用逻辑思维的自然科学研究，正确的答案只能是一个，而使用形象思维的艺术领域，优秀的标准则是多元化的。景观设计属于艺术设计的范畴，是一门边缘学科。就空间艺术本身而言，形象思维占据了主导地位，但是在相关的技术功能性门类，则需要具备逻辑思维的理性概念。进行一项景观设计，丰富的形象思维与慎密的逻辑思维必须兼而有之相互融合。因此景观设计的教育，既要重点培养学生的形象思维能力，也要十分重视逻辑思维能力的训练。

由于景观设计的受制因素较多，所以在设计的思维过程中，不能够死钻牛角尖，需要提倡多元的思维方式。对待具体的设计问题，一条路走不通，就换一条试试。景观设计就是在协调各种矛盾的过程中不断完善的。在很多情况下，单元的线性思维很难应付纷繁的设计问题，只有多元的思维方式才能够胜任。“山重水复疑无路，柳岸花明又一村。”换个角度想问题，往往会取得意想不到的收获。

思维的工具是语言。人们借助于语言去分析和综合丰富的感性材料，由此及彼，由表及里，去粗取精，去伪存真，从而揭示不能直接感知到的事物的本质和规律。对于一般学科的思维来讲，使用语言的工具是完全够了。但是作为融会逻辑与形象两种思维形式的景观设计，如果只使用语言的工具显然是不够的。对形象敏锐的观察和感受能力，是进行设计思维必须具备的基本素质。只用语言的方式表达自己的设计意图，是很难被人理解的。在环境艺术设计的领域，图形是专业沟通的最佳语言。因此在景观设计专业的教学中，培养学生图形思维的技巧就显得格外重要。在设计的概念和方案阶段，都要习惯于用笔将自己一闪即逝的想法落实于纸面。而在不断地图形绘制过程中，又会触发出新的灵感。通过这种图形思维的积累、对比、优选、好的方案就可能产生。（图 35）

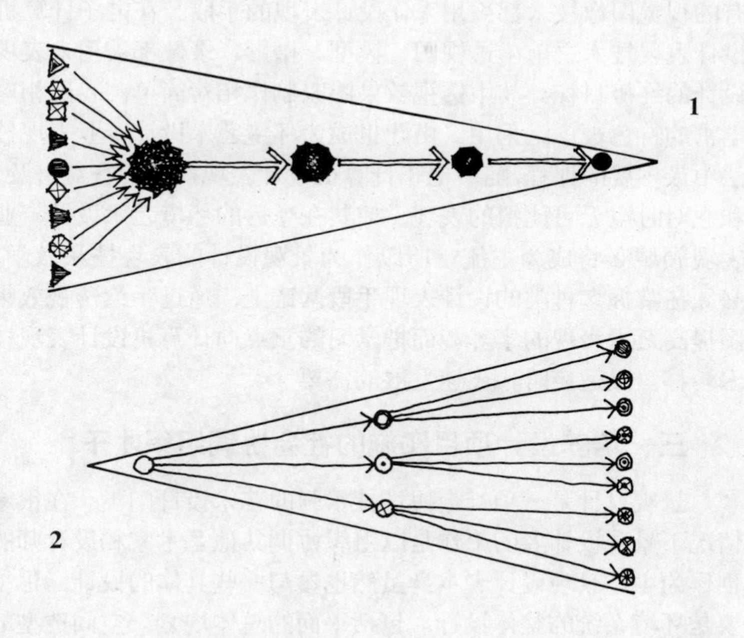


图35　两种不同的思维方式：1、线性发展的抽象思维；2、多元发散的形象思维

## 二、掌握多种类的设计表现手段

完备的设计思维是培养学生敏锐空间造型创造力的关键。但这还不是艺术设计教育的全部。在环境艺术设计领域，设计者除了具备完整的设计思维创造能力之外，还要掌握相应的表现技法。虽然表现技法只是实现设计的手段，但如果没有这种手段，再好的设计只能是设计者头脑中的空中楼阁。只有最终将设计的构思以视觉的形象展现在用户面前，才能为实施打开通路。因此在景观设计专业中设计表现手段的教学是必不可少的。

景观设计是一门具有时间因素在内的四度空间环境艺术设计。它的设计表现必然是全方位的。一方面需要有真实反映物质时空实际视觉效果的形象资料；另一方面又需要有供设计实施的具有详细尺度标注的工程图纸。

利用几何正投影原理所作的三维视图，是所有设计在实施过程中必须依据的科学的图形表现手段。根据设计类型的区别，制图也分为不同的标准，如机械制图、建筑制图、家具制图等等。一般的设计学科只要掌握一种制图标准，就可满足使用的要求。而景观设计由于是边缘学科，涉及的专业面较广，因此需要掌握建筑学所有的制图标准，这就是规划制图、建筑制图和园林制图，这给景观设计的教学增加了难度。因此不同类型的学校可根据实际情况，确定一种制图标准作为教学的重点。

真实表现物质时空的全部信息，一直是设计界为之追求的目标。由于四度空间的表现十分困难，所以在建筑领域几乎所有的视觉图像技术都被用来作设计表现的手段。在电子计算机设计表现技术之前，透视图、模型、摄影、录像都被用来表现设计的终极目标。其中透视效果图以制作相对简单，表现相对丰富的特色被广泛采用。由此也成为环境艺术设计专业表现技法中最主要的课程。随着电子计算机设计表现技术的日益普及，和它对时空无可比拟的表现，使其在今后的环境艺术设计专业表现领域必将成为主流。所以作为景观设计的表现技法教学，必须在掌握多种类的设计表现手段基础上，通过手绘透视效果图提高艺术表现的素养。而把学习的重点向计算机设计表现技术转移，以适应时代飞速发展的需要。

### 三、培养设计项目实施的社会协调组织才干

景观设计是一项社会协调性很强的艺术设计门类。在很多情况下景观设计者的工作是以组织协调其他艺术家和设计师的创作为主。景观设计者本身虽然也参与一些具体的设计，但主要是环境系统的整体设计，包括平面的总体规划，空间造型的总体形象概念等。一些标识性强的艺术造型实体还是要委托相关专业的设计师来完成。景观设计者的角色很象是电影导演，因此要求景观设计者具有较强的环境意识和较高的艺术鉴赏水平，还要精通一两门专项设计。同时具备一定的组织管理能力。前者是人与物的关系，后者是人与人的关系。可见作为一个景观设计的环境艺术设计师必须具备全面的素养。一些原本属于社会学科的课程与训练方法也应该引入到景观设计的教育体系。

在艺术设计教育的领域，一般比较重视培养学生空间造型的设计思维能力和设计表现能力，而忽视培养设计项目实施的社会协调组织能力。经常有这样的情况，学校中专业成绩优异的学生，走向社会后处处碰壁，这就是所谓的高分低能。改变这种状况一方面要期待于国家基础教育由应试教育向素质教育的转轨，另一方面也要加强高等艺术设计教育的社会实践课程，让学生在实际的设计工作中，逐步培养项目实施的社会协调组织能力。

“教育总是通过一定的形式进行的。教育的基本形式是教育者根据一定的教育目的、教育内容向受教育者进行教育。”（董纯才、刘佛年、张焕庭：《中国大百科全书》教育卷第3页）教育的形式分四大类：学校教育、知识媒介教育、人际交往对人

的行为教育、自我教育。在这四类教育中，人际交往对人的行为教育，既不是学校的系统讲授，又不是自学内容的提供，而是工作和生活中现场示范、模仿、交往、接触、传递信息和经验交流的思想文化影响。在景观设计教育中，这种形式显然对社会协调组织能力的培养十分有利。因此要有意识加强学校教育中学生的专业知识群体交往活动，以此来达到提高学生全面素养的目的。

## 四、景观设计的课程系统

景观设计专业的课程系统是按照大学本科四年学制编制的。该系统由基础课、专业基础课、专业理论课、专业设计课四大部分组成。在四年的规定课时内，不同类型的学校在开设景观设计专业时，可根据实际情况增加或删减课程项目和内容。

在基础课、专业基础课、专业理论课、专业设计课四大部分中，基础课应占据相当的比重，基础打得好，专业学习事半功倍。在现行的课程体系中，基础课主要由造型基础和设计基础两部分组成。造型基础包括：素描、色彩、雕塑。设计基础包括：平面构成（黑白与色彩）、立体构成、图案装饰、制图与计算机绘图基础。

在造型基础课中，素描作为造型艺术，是培养学生观察与研究对象的正确方法，观察对象的整体意识与研究对象的内在本质的能力。在景观设计专业的素描基础教学中更注重于速写，速写的教学目的在于使学生的整体观念、美感意识能够得到较高层次的训练，包括对体量、比例、尺度和富有节奏韵律变化的几何形体的认识和理解。速写不仅仅是在描绘时对客观对象的取舍与提炼乃至夸张，同时是锻炼景观设计专业学生用线条进行造型的最佳课题之一。通过速写，从而赋于作品以统一、对比、节奏、韵律、力度、空间感等美的内涵。在速写对象的选择上则以建筑为主。（图 36 至图 38）

图 36　素描作品(中央工艺美术学院环艺 94 级解非静)

图 37　速写作品(中央工艺美术学院环艺学生作业)

图38 速写作品(中央工艺美术学院室内80级赵颖)

图39 静物色彩作品

图40 景物色彩作品

色彩教学主要通过色彩写生课实现其教学目的。通过对静物、风景、景物的写生教学，培养学生运用色彩表现对象的基本能力。这些基本能包括控制画面色调的能力，运用色彩造型的能力，色彩构图的能力，运用色彩表现物体形象、景物空间质感和意境的能力。(图39－图41，原作见彩页部分)

雕塑的教学目的则是培养学生掌握正确的观察方法和工作方法，使学生初步掌握泥塑的基本步骤与技能，建立空间与体量的基本观念。建立三度空间的观念，加强对形体的感受认识和表达能力，并能比较准确地从重心、比例、特征、结构等方面塑造形象， 养成良好的工作习惯、工作意识。(包括责任心、主动性、条理性、集体观念等)

造型基础一方面使景观设计专业的学生通过初步的艺术实践，领会绘画的色彩、形态、空间结构、质感等在审美活动中的作用。同时也为专业设计表现能力的提高打下坚实的基础。

在设计基础课中，平面构成 (黑白) 训练学生掌握抽象基本形在平面上相互结合的各种可能性，培养学生在组合中求取新造型的能力。平面构成(色彩)是通过富有逻辑性的教学秩序向学生全面讲授色彩美学方面的知识，并通过作业练习将理论置于实践的感性中融会贯通，使学生对色彩的感觉由个人喜爱升华到一个更广阔、更科学、更自由的境界中，由此形成对色彩的创造性思维方式。立体构成则是认识形态的本质，掌握抽象形态的创造方法；学会逻辑思维与形象思维相结合的创造性思维；提高立体表现技巧；建立空间意识，学会空虚形态的创造方法，掌握空虚形态的表现技巧。(图42至图45，原作见彩页部分)

图案基础以造型、构图、归纳色彩为教学的主要环节。训练装饰美的观察能力与表现能力；掌握由自然形变化为装饰形的技能，认识装饰造型的形式美；训练综合构图的组织能力、平面的想象能力和空间的结构能力；认识抽象与具象在装饰美中的关系和作用；训练从客观对象直接归纳提炼色彩的能力；增强实用色彩设计的色彩表现能力。(图46－图57，其中图46－图49，图51、图52、图56原作见彩页部分)

制图是工程设计的语言和表达设计思想的手段，是所有从事设计的人员必须熟练掌握的工具。它能培养学生一定的视图能力；培养学生初步的绘图能力；培养和树立空间想象能力及分析能力；建立标准化概念。

在现代科学技术高速发展的信息时代，计算机作为一种重要的使用工具，已广泛地应用于美术界与设计界。为使学生能在以后的工作中掌握并使用计算机进行设计，有必要使学生在进入专业课之前了解计算机的基本知识，掌握计算机操作系统

图41　风景色彩作品

图42　平面色彩构成

图43　平面构成

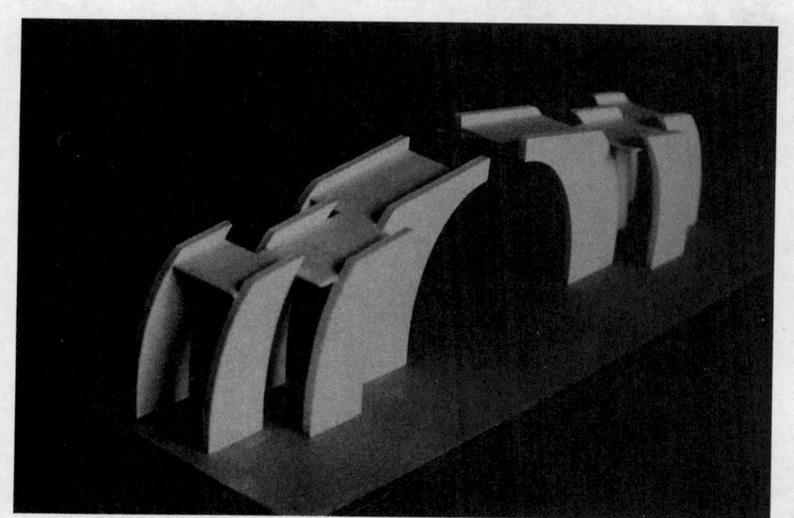

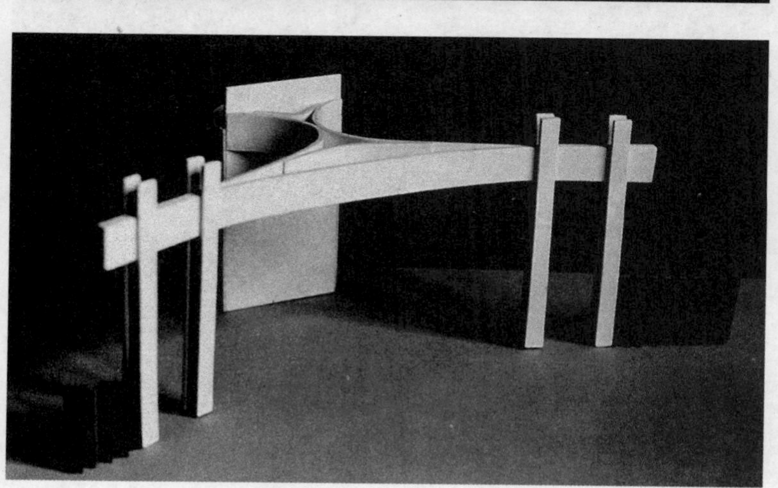

左：图44－图45　立体构成

图46- 图49 图案基础

图50 建筑装饰图案

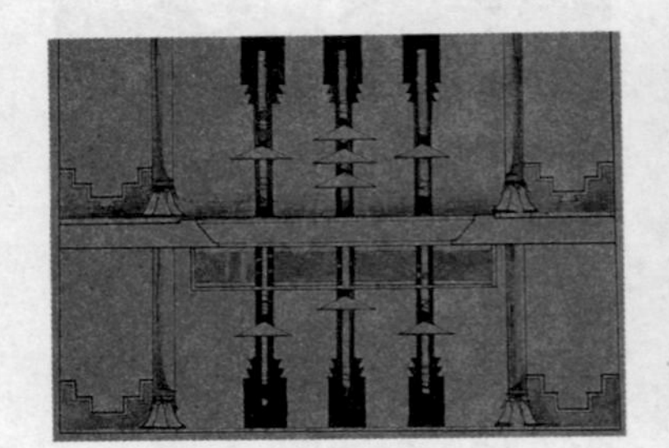

图51 建筑装饰图案

图52 建筑装饰图案

图53 建筑装饰图案

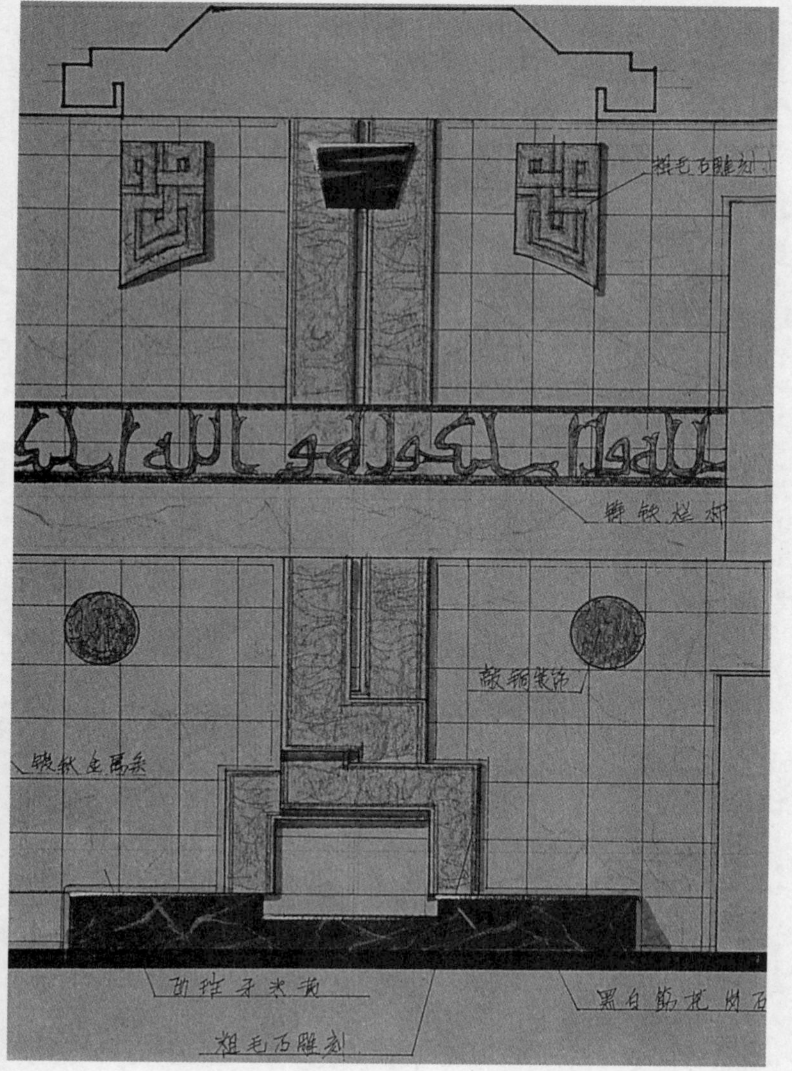


图 54　建筑装饰图案

图 55　建筑装饰图案

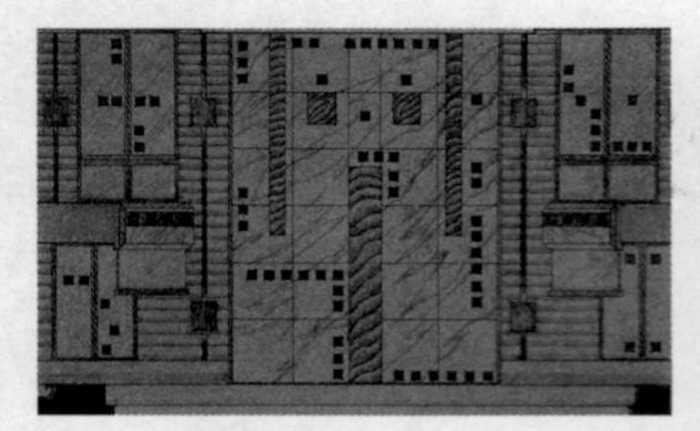

图 56 建筑装饰图案

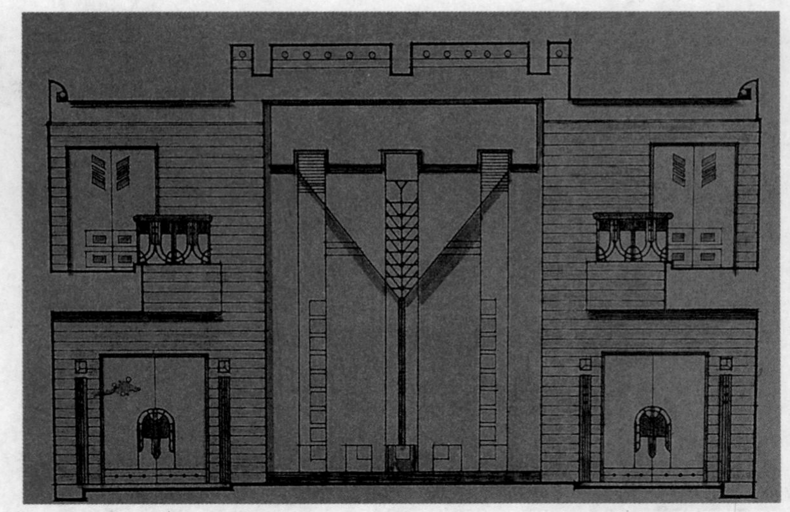

图 57 建筑装饰图案

电脑软件的应用，为用计算机进行专业设计打下基础。计算机辅助设计基础课在景观设计专业基础课的教学中具有十分重要的意义。

相对于基础课而言，无论是专业基础，还是专业设计或者专业理论，这些都是组成景观设计专业课程的主干体系。在这三类课程中专业理论的教学更多是融合在专业基础和专业设计课的教学之中的。专业基础课主要包括：专业制图、专业设计表现技法、专业测绘、建筑初步和建筑设计。专业设计课主要包括：环境雕塑设计、环境绿化设计、环境照明设计、环境水体设计、建筑景观设计和城市空间系统设计。

这两部分的课程内容将在以下章节做重点介绍。

# 第二章　专业基础

## 第一节　专业设计的表现技能

头脑中的设计构思必须通过视觉传递的方式展现在观者面前才能被理解。视觉传递主要依赖于各种图形技术，设计的表象正是运用图形技术构思的结果。从内在的想法到外在的图形以及由图解思考过程产生的结果，构成了专业设计表现技能的全部内容。在景观设计中专业的表现技能又主要体现于“专业制图”和“专业设计的视觉表现”两大类课程中。

### 一、专业制图

专业制图是指符合与景观设计专业使用的国家制图标准。通过专业制图的学习使学生进一步明确投影理论的应用及空间概念的确立；通过专业制图课的作业训练，掌握基本的专业制图技能，进而为绘制方案、施工图纸，进行专业设计奠定基础。

景观设计的专业制图涉及到建筑、园林、城规三个专业的制图规范，这是由景观设计专业自身的特点所决定的。通过专业制图教学，使学生掌握正投影制图的基本概念及绘制方法；城规、园林、建筑、制图的规范及绘制方法；并能够根据设计内容确定选用的制图规范，以便绘制正确的专业设计方案图及施工图。

在专业制图课的教学中要求学生树立明确的正投影概念；掌握扎实的制图基本功，包括工具的正确使用，图线、图形、图标、字体的正确绘制；通过测绘的手段，要求学生确立正确的制图绘制程序与方法，掌握专业设计方案及施工图的绘制方法。

由于计算机绘图技术的日益普及，在实际的设计工作中专业制图将主要由计算机绘图来承担。但是以手绘为主要教学内容的专业制图依然是不可替代的，一方面手绘的教学方法在理论上能够使学生的正投影概念与空间意识更加强烈，另一方面也能培养学生严谨、细致的设计工作作风。同时经过专业制图课的手绘作业练习，学生的图线表达能力将会有较大的提高，这对在日后专业设计徒手绘图的图形思维中的帮助非常巨大。

在经过基础学习阶段的制图课教学之后，学生应该对正投影的基本概念有了一个正确的认识，同时也掌握了基本的工具使用方法和相应的绘图方法。因此专业制图课的教学一方面要复习巩固基础知识，更重要的另一方面是明确专业制图概念与掌握专业设计所需制图方法。（图 58）

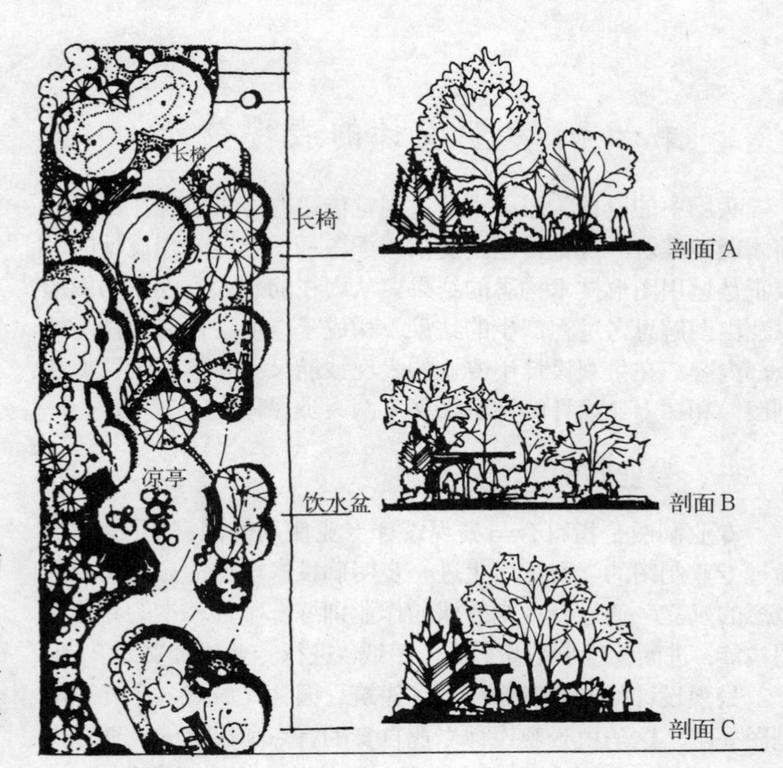


图58 景观设计的平面图与剖立面图

景观设计的图纸由道路、绿化、建筑、设施等内容构成，主要以平面与剖立面的形式表现。等高线在平面图中具有重要意义。

## 二、专业设计的视觉表现

一切可以进行视觉传递的图形学技术，都可以作为专业设计的表现技法。现阶段主要以透视效果图的方法，作为专业设计表现技法课的教学手段。由于表现技法课是一门技巧性较强，艺术素养要求较高的，以实际动手训练为主的绘画性课程，因此在课程的整体安排上应以单元制的渐进循环法为宜。

通过表现技法课的绘画教学，掌握以素描、色彩为基本要素的具有一定专业程式化技法的专业绘画技能；通过对景观设计资料的收集、临摹与整理，用专业绘画的手段，初步了解专业的概略；通过绘制透视效果图验证自己的设计构思，从而提高专业设计的能力与水平；从专业绘画的角度，加深对空间整体概念及色彩搭配的理解，提高全面的艺术修养。以上几个环节构成了专业设计表现技法课程设置的主要内容。

在专业设计表现技法课的第一阶段首先要学会透视图的绘制方法，就景观设计所要表现的内容来看，几乎所有的透视方法都要涉及到，因此学生必须掌握一点透视、两点透视、三点透视、轴测图等多种透视的绘制方法。在基本掌握了透视图绘制方法之后进入课程的第二阶段，即由结构素描、景观速写、归纳色彩写生构成的专业绘画练习阶段。在这个阶段中通过结构素描，景观速写，白描变形及色彩记忆，归纳风景装饰构图练习的方法，掌握表现图的绘画基础。有了以上两个阶段的基础训练进入正式的表现图绘制就能取得事半功倍的效果。接下来的第三阶段是专业设计表现技法课的主体部分，为了取得比较好的教学效果，通常安排二至三单元的课程，每个单元的授课时间一般为四周，采取由浅入深循序渐进的教学方法。在教学内容上讲授透视效果图的基础表现技法。包括形体塑造、空间表现、质感表现的程式化技法，绘制程序与工具应用的技巧。不同类型单件物品的绘制特点。（使用水粉与透明水色进行教学）讲授透视效果图的多种表现技法。包括多种工具的使用，细腻精致的艺术表现技巧；快速简练的表现手法。（使用包括马克笔、喷笔在内的多种类工具进行教学）在教学要求上希望学生通过临摹景观的实景摄影作品，从准确的透视，严谨的构图，整体统一的色彩关系入手，绘制不同类型的单体景物，掌握最基本的表现图绘制技巧；要求学生通过创作建筑、室内景观，环境绿化、照明等题材的表现图作品，掌握多种类的表现图绘制技巧。

在现阶段计算机绘图是专业设计表现技法不可或缺的重要组成部分。在学生掌握了电子计算机基本知识，学会操作系统软件 WINDOWS 系列的使用。在教会 AUTOCAD 系列软件主要绘图功能的基础上，通过介绍一个专业设计或绘图软件系统（如3DS、PHOTOSHOP）的使用方法，使学生能够举一反三地掌握其它陌生的软件。通过实际操作练习，使学生的计算机应用能力达到一定的水平。同时学生应能把手绘训练中掌握的空间景深塑造、整体色调把握、光影投射质感表现的技能应用于计算机绘图。（图 59- 图 61）

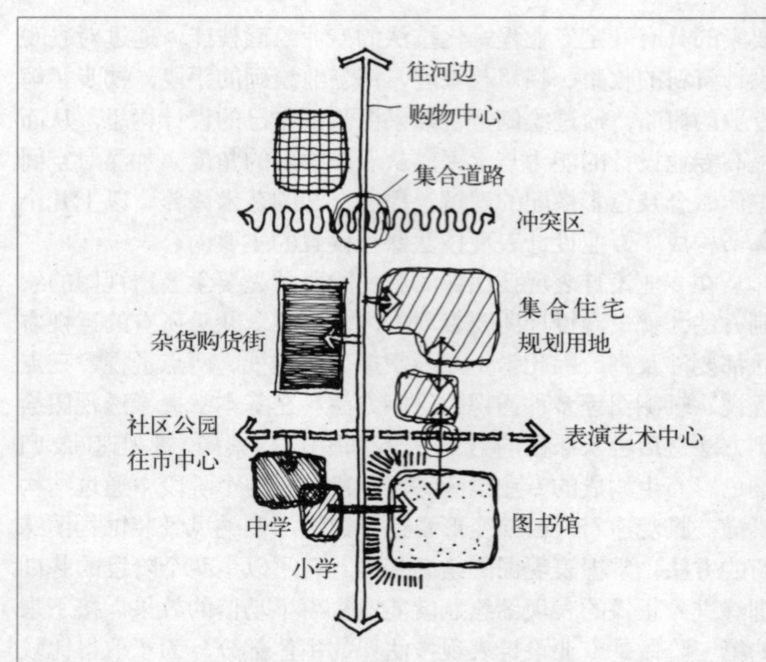


图59 景观设计平面配置的概念图

概念图是设计最初构想的表达，其特点是随意与不精确。通常只表现出概略的机能、活动、空间及相互关系。

图60 从概念平面配置向方案设计阶段的发展

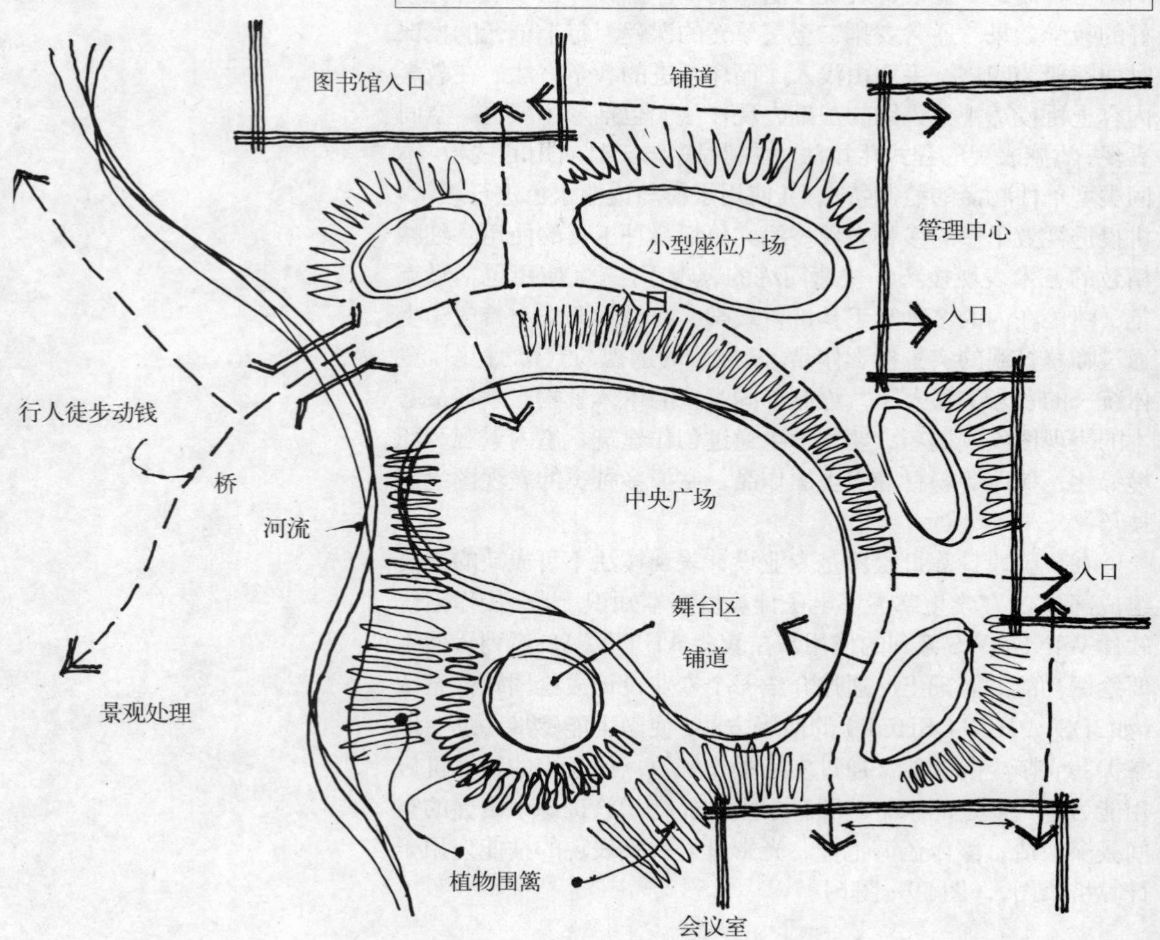

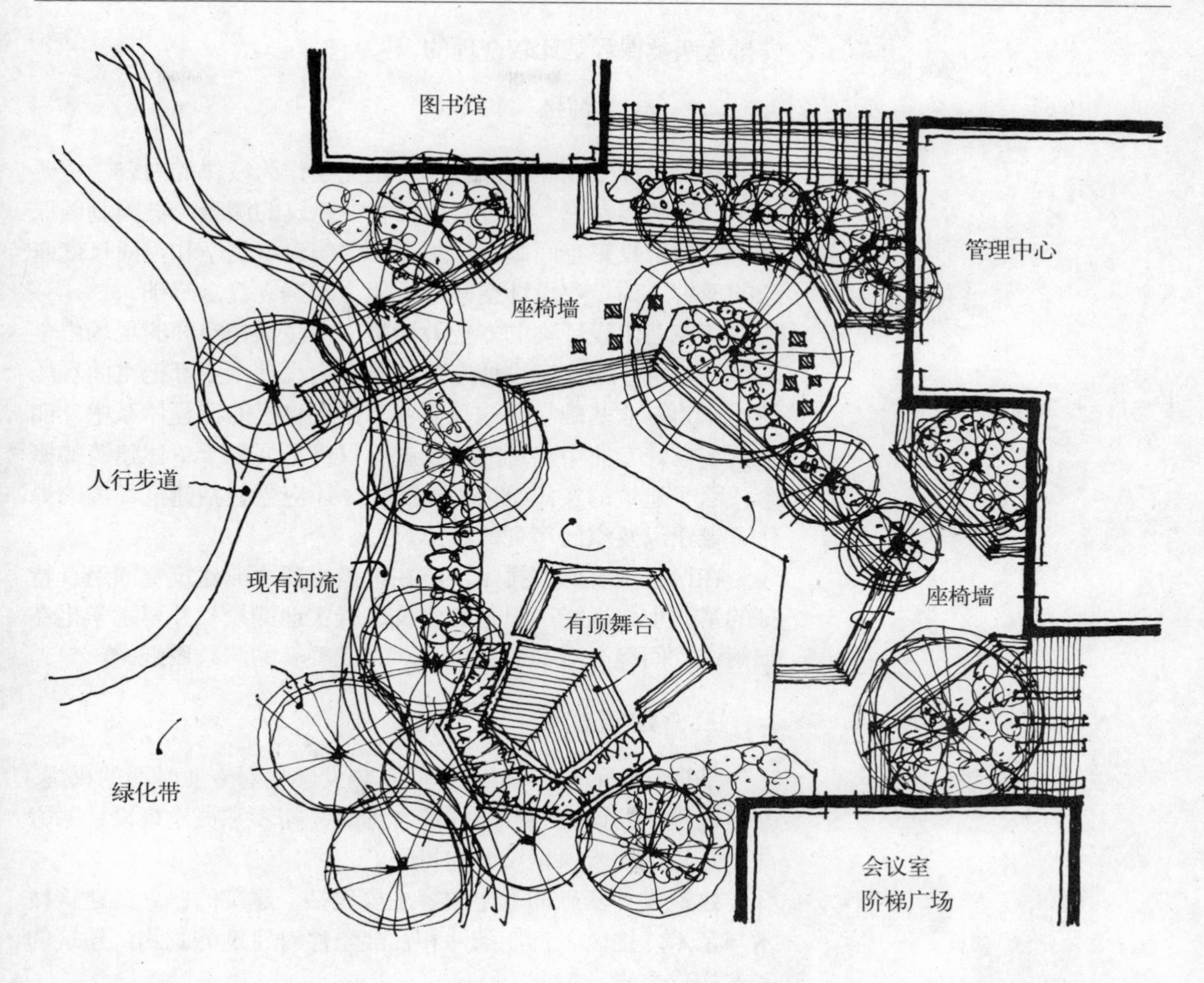


图61　从概念平面配置向方案设计阶段的发展

## 第二节 专业设计思维的基础训练

设计最终目标的实现在于创造性的设计思维。设计思维能力的培养是艺术设计教育中的难点，难就难在艺术设计的思维融合了理性的逻辑与感性的形象两种思维方式。学生必须掌握进入两种思维渠道的方法，才能胜任纷繁的设计任务。因此在综合性、边缘性极强的景观设计中，选择何种合适的课程作为专业设计思维基础训练内容就成为关键的环节。“专业测绘”课需要学生具有严谨的工作程序和严密的工作方法，适合于培养理性的逻辑思维能力，在测绘的同时加深了对空间形态美的认识。“建筑初步”和“建筑设计”本身就是研究空间艺术的典型课程，非常有利于培养感性的空间形象思维能力，同时建筑的构造、材料、经济、社会的制约性，又将这种形象思维控制在一定的限度之中。所以在景观设计的专业设计思维基础训练中安排这两类课程是比较合理的。

## 一、专业测绘

景观设计专业测绘课选择古建测绘作为授课的内容，主要出于以下两点考虑：通过对中国古典建筑的测绘，巩固制图课所确立的正投影空间概念；加深对传统建筑美学和空间尺度概念的理解，为专业设计空间思维能力的确立奠定基础。

环境艺术设计类的专业教学中一向注重在空间的现场中学习，无论中外的建筑设计专业还是室内设计专业都把空间现场测绘作为专业基础教学的重要环节排在自己的课程体系中，而在景观设计专业中建筑的测绘就不仅仅是局限于单体建筑的概念，除了建筑的实体(图62)尺度外，还应当包括建筑环境的绿化、雕塑以及空间序列的虚形尺度。

在课程内容的安排上，应在讲授中国古典建筑空间组合特征的基础上，选择一组古典建筑进行实地测绘。并要求学生在理解该空间组合特征的基础上，完成整套的测绘图纸。

## 二、建筑初步

掌握建筑的基本知识和理论，启发学生对专业学习的兴趣，并通过简单的设计与严格的基本训练，初步掌握建筑设计的方法，是建筑初步课程设置的目的。

建筑设计基础的教学内容主要包括：建筑的概念；建筑技术与艺术；地区、自然条件和社会条件对建筑的制约；建筑的基本构成要素。

### 1. 建筑的概念

建筑是为了取得一种人为的环境，供人们从事各种活动而产生的。建筑是人类居住生活的需要。最早的人类或是以洞穴栖身，或构木为巢。北京周口店的“猿人洞”，即是原始的“穴居”。《韩非子．五蠹》：“上古之世，人民少而禽兽众，人民不胜禽兽虫蛇，有圣人作，构木为巢，以避群害。”即是“巢居的记载。可见最初的建筑即表现为实物构架的虚空。这种人为的实体与空间不但给人们提供了一个有遮掩的内部空间，同时也带来了一个不同于原来的外部空间。

### 2. 建筑技术与艺术

建筑是需要材料、人力、技术的物质产品。随着历史的发展生产力的进步和生活水平的提高，新型材料和技术不断改变着建筑的结构方式，从而产生了新的使用功能与样式。建筑不只以它的实体和空间体现着比例、尺度、空间和质感，而且渐渐发展了造型本身的风格，彩画、雕塑、镶嵌等立面装饰的手

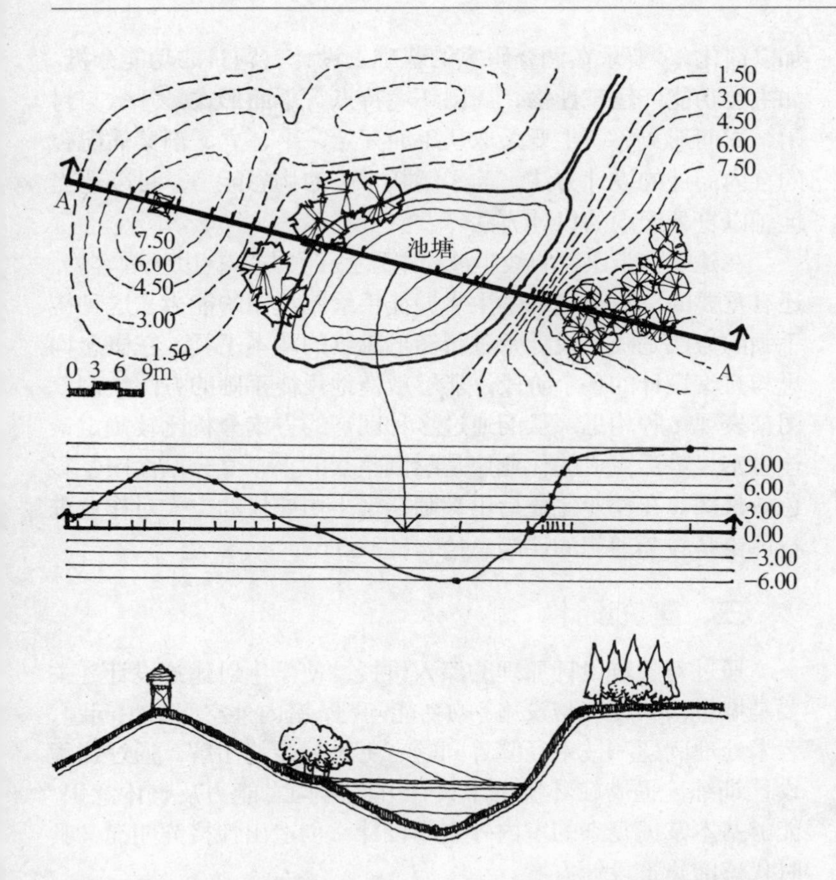


图62　在景观实地测绘中把握剖视方向、剖切线与等高线是最关键的三点

段大大丰富了建筑的内容，使其成为一个充实的美学种类，在人们的物质生活和精神生活领域，发挥了极其重要的作用。

**3. 建筑的制约条件**

不同的地区，不同的自然与社会条件构成了对建筑的制约。地区和自然条件在气候与资源方面对建筑形成制约，气候的差异直接影响了建筑的内部布局和外观形象，资源和环境的限制造就了不同的建筑风貌。社会条件在生产方式、思想意识和民族文化特征方面构成了对建筑的制约，社会形态、宗教信仰、民风民俗无不对建筑产生巨大的影响。

**4. 建筑的基本构成要素**

功能、物质技术条件、建筑形象是构成建筑的三大基本要素：功能包括人体活动的尺度，生理要求（朝向、隔热、防潮、隔声、通风、采光、照明等）和使用特点；物质技术条件包括结构、材料、施工；建筑形象要求形、色、光、质等均应符合造型的基本原则（比例、尺度、均衡、韵律、对比协调等）。

建筑设计基础课的教学主要采取设计方法训练的作业形式进行：要求学生选择某种建筑小品进行课题设计，如公园茶室、儿童阅览室、书报亭、大门入口等，根据教学要求将某些条件加以简化。 要求在调查研究的基础上设计有题目的功能分析，如主要功能、建筑性格、周围环境特点、平面形式、开敞与封闭、立面形式等。主要采取从平面开始，平、立、剖穿插配合的自内而外的设计方法，为了活跃学生的构思能力，可以适当地辅以自外而内的设计方法。

在建筑初步课程的教学过程中除去了解与掌握以上内容外，还有重要的一点是训练学生掌握徒手绘制草图的能力。这种徒手画的方法是一个设计师进行图形思维的基本工具，在概念构思与方案设计的各个阶段，能够敏捷地用徒手画的方法绘制草图来表现多种构思，从而通过多种图形的方案分析比较确定最佳方案。最后完成的作业应是绘制整套的平、立、剖面图及彩色效果图。在作业完成后由教师与学生用座谈的方式对作业进行评论是较为理想的课题总结。(图63)

## 三、建筑设计

通过对建筑设计原理的深入讲授，使学生对建筑设计（主要是城市公共建筑与设施）的功能问题、室内外空间组织问题、艺术处理问题和技术经验等问题有更进一步的了解。通过课程设计训练，提高在环境艺术设计方面的构思能力及整体意识，能够基本掌握复杂的室内外空间设计，创造出性格鲜明而又具时代感的建筑设计方案。

建筑设计的教学内容主要包括：建筑的功能问题；建筑的技术问题；建筑的艺术处理；建筑设计中的尺度。

### 1. 建筑的功能问题

建筑功能问题的解决主要体现在建筑的空间组成，组合方式，以及由此产生的满足人不同使用需求的功能分区问题，人的活动流域及疏散所产生的交通问题。这些问题构成了建筑设计最主要的方面。室内外空间联系和相互延伸，以及室外空间的构成同样对建筑的功能产生影响。建筑的外在造型通常应该服从于功能问题的解决。

### 2. 建筑的技术问题

建筑的结构技术、设备技术、饰面材料、经济预算构成了建筑的技术问题。不同的结构方式对空间构成的影响十分巨大，如砖混构造对空间具有较大的限制，而框架构造则具有空间塑造的灵活性。设备技术包括电器照明、采暖通风、给水排水、音响消防等诸多方面，采用不同的设备对建筑的物质使用质量和空间艺术造型会产生影响。

### 3. 建筑的艺术处理

建筑的艺术处理总是通过一定的形体和空间来实现的。构

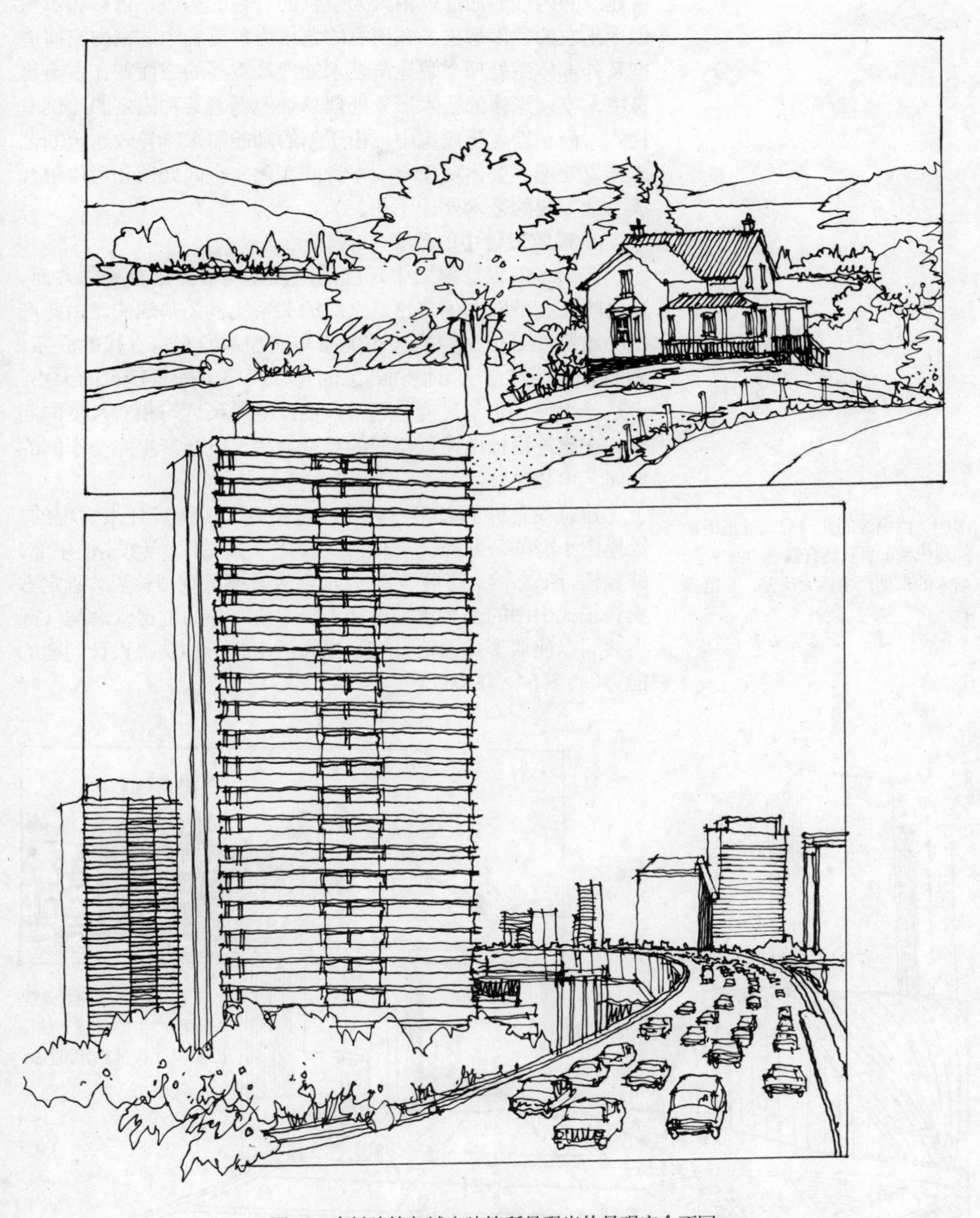

图63　乡村建筑与城市建筑所呈现出的景观完全不同

成建筑的内外界面通过由人为组合的材料的构造、色彩和质感创造出它的艺术形象。在所有的艺术形象要素中，室内空间造型及外部体型处理，是建筑艺术处理最重要的方面。在古典建筑中，空间形体的艺术形象处理总是遵循着某种固定的比例或柱式，而在近现代建筑中，由于新的功能需求，导致建筑的艺术形象处理主要体现于空间本身的变化，空间处理和形体组合成为最主要的艺术处理手法。

**4. 建筑设计中的尺度**

在诸多的设计要素中尺度是衡量建筑形体最重要的方面。这里的尺度是以人体与建筑之间的关系比例为基准的，由此产生的建筑各部分之间的大小关系与这种基准有着直接的联系。人们总是按照自己习惯和熟悉的尺寸大小去衡量建筑的大小，于是就出现了正常尺度与超常尺度，绝对尺度与相对尺度的问题。在建筑设计中通过不同的尺度处理，就会产生完全不同的空间艺术效果。

建筑设计课的教学一般是通过系列的课题设计来实现的。选择中小型的公共建筑进行初步设计（如餐厅、学校、俱乐部、综合楼、纪念馆、商场等）。要求学生掌握从草图构思、确定方案到正式出图的全套建筑设计表现方法。并通过课堂总结（师生共同以座谈形式评论方案）提高学生分析和解决设计问题的能力。（图 64- 图 66）

图64 由简练的几何形态建筑组构的现代城市景观具有强烈的秩序感，与人的尺度产生巨大反差，空落冷寂

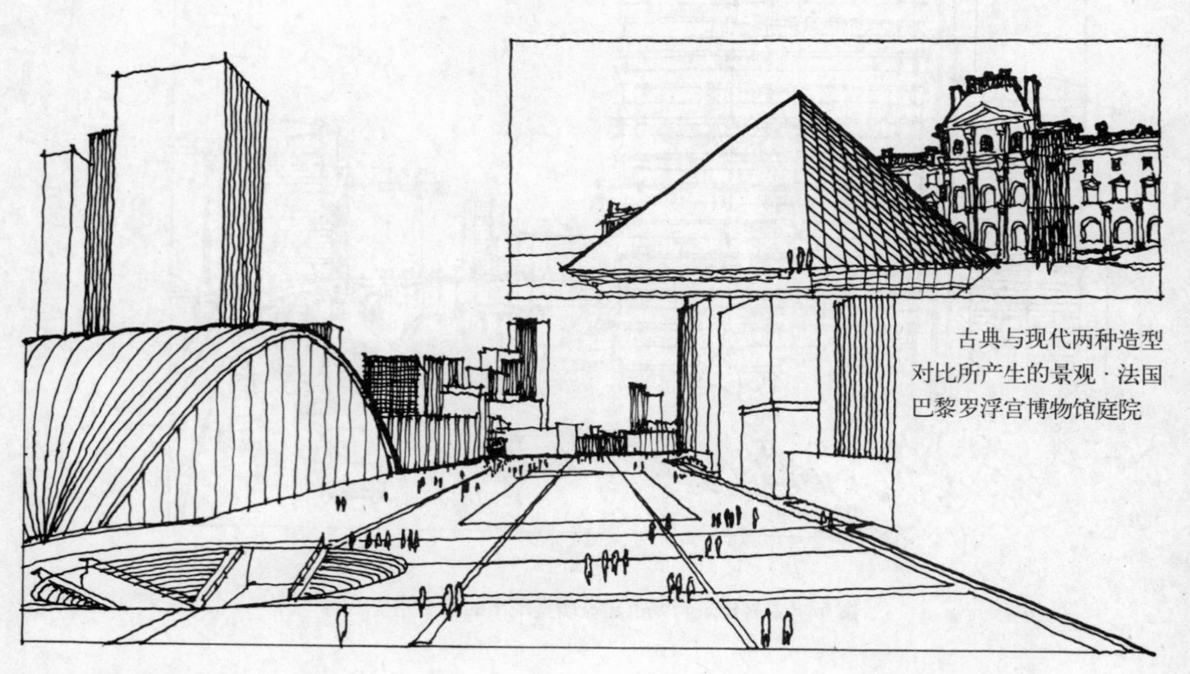

古典与现代两种造型对比所产生的景观 · 法国巴黎罗浮宫博物馆庭院

法国巴黎拉德方斯新区

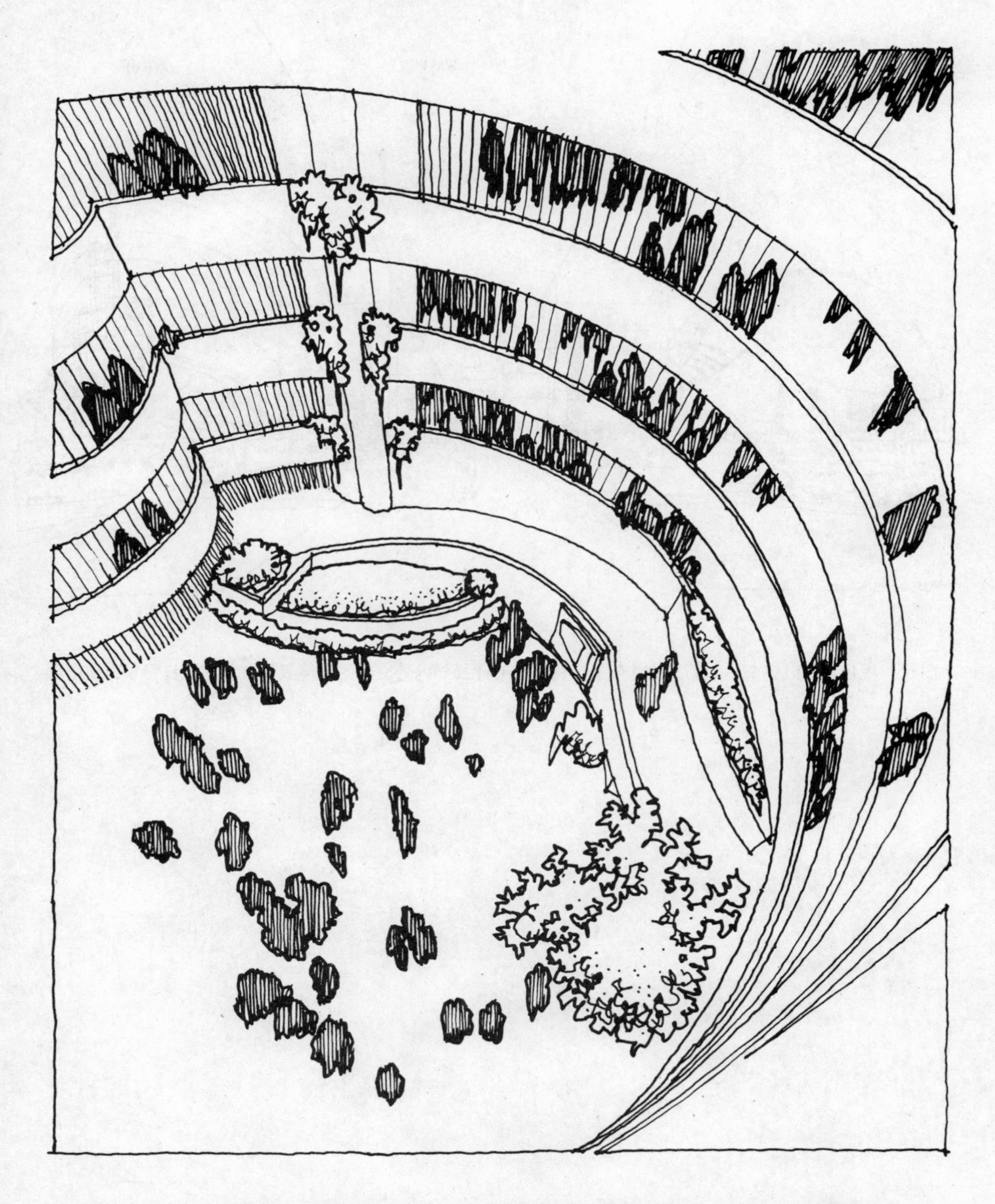

图 65　建筑构造与空间形式的变化使人得以从不同的视角观看到不同的景观 · 纽约古根海姆博物馆

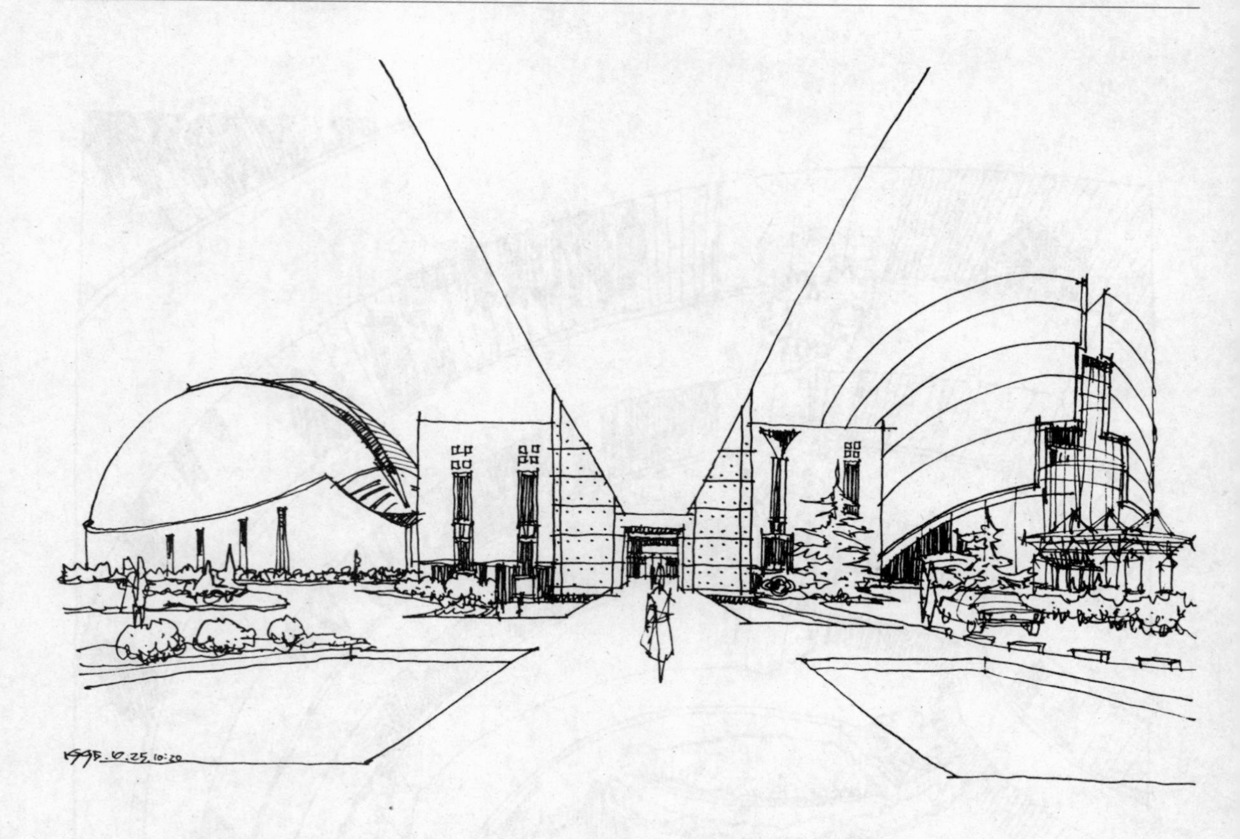

图 66 现代建筑以完全不同的空间几何造型构筑了对比强烈内外交融的环境景观 · 北京中日青年交流中心

# 第三章　专业设计

## 第一节　环境要素的专业设计

景观设计是一个复杂的设计系统，这个设计系统是由包括自然环境要素与人工环境要素组成的综合体系，成功的景观设计必须作到各类环境要素的谐调统一，而要达到这样的目标首先需要了解和掌握单项环境要素的设计内容与方法。因此在景观设计的专业设计课程中环境要素的内容占有相当的比例，在这里既有绿化、水体等自然形态的要素，也有雕塑、照明等人工形态的要素。

### 一、环境绿化设计

在环境绿化设计课的教学中，通过园艺学基础知识的讲授，明确植物分类与城市绿化中相关的植物品种；了解花卉与观赏树木栽培的基础知识，以及不同气候与地域环境中植物栽培的特点和方法。提高在景观设计中科学地运用绿化要素的能力。通过环境绿化设计实例的讲授，分析绿化在景观环境中的作用，掌握景观环境中的绿化设计基本原理和手法，以便能够从事特定景观的环境绿化设计。

环境绿化设计的教学内容主要包括：环境绿化设计概述；绿化在景观环境中的作用；绿化种类与构成形式；建筑景观的环境绿化设计手法；植物培植及绿化工程。

**1. 环境绿化设计概述**

绿化是泛指除天然植被以外的，为改善环境而进行的树木花草的栽植。而环境绿化设计则是根据特定景观的空间视觉形象需求，采用绿化要素进行的艺术设计创作。就广义而言，绿化可以归入园林的范畴。因为园林是包括土地、水体、植物、建筑在内的特定专业系统，在内容的涵盖面上要远远大于环境绿化设计。而环境绿化设计的对象仅限于植物，是利用人为的植物栽培技术进行的环境要素设计。

**2. 绿化在环境景观中的作用**

绿化除了净化空气、阻挡风沙这些不言而喻的生态作用外，还在环境景观中既满足人的使用及观赏功能，又极大地丰富建筑景观的表现力。绿化是组织空间、丰富空间层次的主要手段。用绿化可以限定空间及填充空间，在平面区域划分、功能过渡、道路导引等方面扮演重要的角色。绿化是空间视觉形象美化的最佳手段，在调节立面构图、陪衬主体艺术品、营造主体景观等方面具有显著的优势。绿化形态的自然中介性极大地柔化了硬质空间实体，在空间景观虚实过渡的处理上具有不可替代的作用。

**3. 绿化种类与构成形式**

用于环境绿化设计的植物种类繁多，出于建筑景观的需求，这里的绿化品种分类主要依据植物的外部形态。常用于环境绿化设计的植物品种有：乔木、灌木、藤类、竹类、花卉、草坪等。乔木一般具有较大的形体，枝干明显，寿命长。乔木分为常绿乔木和落叶乔木，阔叶乔木和针叶乔木，一般作为建筑景观的配景。灌木系矮丛植物，易于修剪成形故常用作绿篱。藤类也称攀援植物，需依靠其它物体延伸生长，可利用棚、架、栅、墙等构件形成大体量的绿化造型。竹类属常绿乔木或灌木，其优美潇洒的枝叶形态易于营造清高雅洁的环境景观。花卉分为草本和木本两类。草本花形、色、味、态俱佳，可作盆栽，长于短时灵活的摆放造型。木本因多年生，适宜固定位置的装饰。草坪是低矮的草本植物，常用以覆盖地面，环境的观赏与使用功能俱佳。树木、花卉、草坪综合运用构成的配置形式成为环境景观基本的设计要素。树木常用的配置形式有孤植、对植、丛植等。花卉栽植形式随意，固定式与活动式都可营造出理想的景观造型。草坪有密植和疏植，规则的几何形、随机的自由形，可根据环境的需求选择栽植。

**4. 建筑景观的环境绿化设计手法**

古今中外的绿化手法，虽然内容极其丰富多彩，风格变化也各自不同。但从大的分类来看不外人工规整式和风景自由式两种。人工规整式绿化讲究对称均齐的严整性，讲究几何形式的构图，强调在环境中的总体与局部图案美。风景自由式绿化则完全自由灵活而不拘一格，或利用植物的天然形态进行人为的空间组合构图，或将天然绿化的景致缩移并模拟在特定的区域内。在建筑景观的环境绿化设计中，以上两种手法同样是适用的基本手法，可以采用综合的方法或庭园化的方法，并结合不同建筑景观的特点，在充分考虑绿化色彩与季相特征的基础上合理选用：对景与借景、隔景与障景、渗透与延伸、尺度与比例、质地与肌理等设计手法。

**5. 绿化植物栽培选择及绿化工程**

绿化植物栽培的品种选择涉及人在特定空间环境中的功能与审美两方面的需要。人对植物偏爱的不同，体现了人的性格、年龄、文化程度以至民族。不同生态习性的植物造就了喜阴好阳、耐寒耐干、喜暖喜湿等不同品种，使得植物选择受制于地区与气候。植物品种形态的不同造就了观赏部位的不同，赏花赏叶还是赏干赏枝，成为不同环境景观不同植物品种选择的关键。而植物的管理与栽培又要根据园艺理论保证通风、采光的条件，注重浇水、施肥、修整、防病虫害等。环境绿化设计的工程项目根据空间形态的不同可分为：街道绿化、入口绿化、广场庭院绿化、墙面绿化、屋面绿化、阳台窗台绿化等。

简而言之环境绿化设计课就是要求学生能够科学地选择合适的植物品种，合理地进行不同建筑景观的环境绿化设计。（图67- 图73）

图67　环境绿化的主要植物种类

图 68 古巴比伦空中花园意境

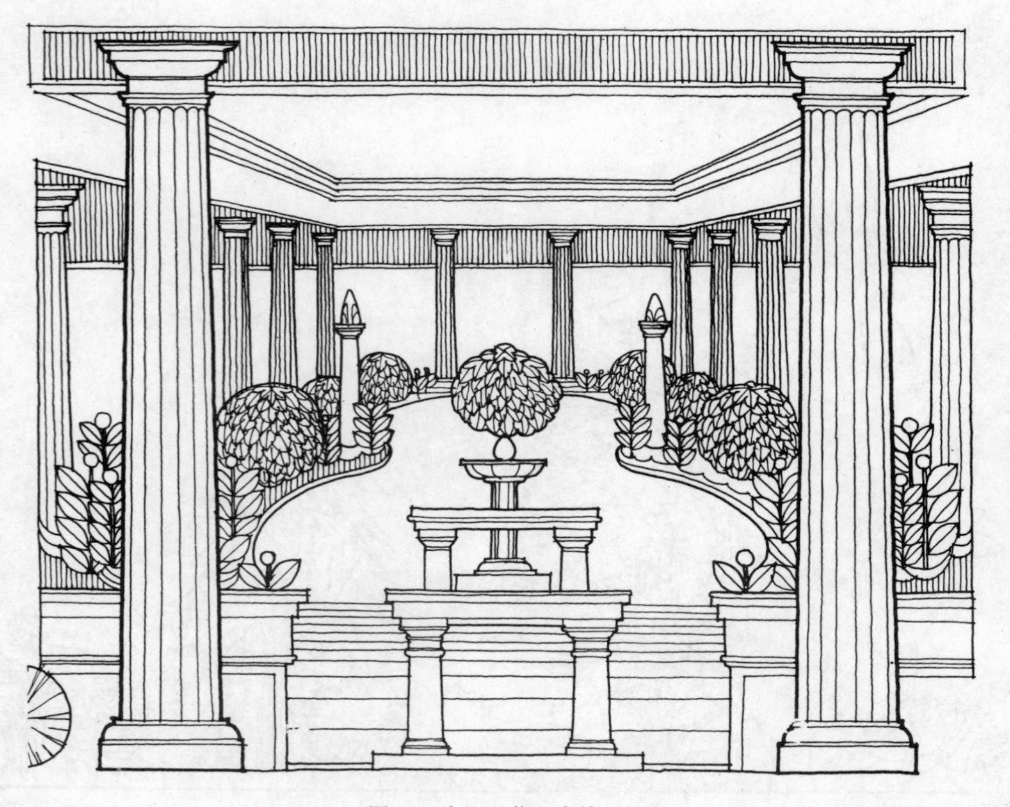

图 69 古罗马花园意境

图70- 图71 环境绿化与中国古典建筑

图 72 环境绿化与中国古典建筑

图 73 环境绿化与中国古典建筑

## 二、环境水体设计

通过环境水体设计课的教学，使学生了解水体造景的基本方式，掌握水体造景的一般规律与方法，能够从事建筑景观的环境水体设计。

环境水体设计的教学内容主要包括：自然水环境与人工水景；水的流体造型及理水工程；建筑景观的环境水体设计手法。

**1. 自然水环境与人工水景**

水是人类不可缺少的自然资源，既能够满足人的最基本生存需求，又能以自身特殊的形态给予美的精神享受。千姿百态的自然水环境诱使人类从被动的利用水源发展到按主观意识用水体造景，在漫长的历史发展过程中营造了各异的人工水景。在环境水体的设计上，传统的东西方有着截然不同的风格特征。东方水景的处理从形到神都追求自然的韵味，人工美与自然美和谐统一，既源于自然又高于自然。西方水景的处理则着重于人工美的体现，追求完整的几何形式，表现为一种人工上的创造。进入现代社会随着技术条件的突飞猛进，声、光、电技术广泛应用于水景，使环境水体设计的形式与手法呈现出崭新的面貌。

**2. 水的流体造型及理水工程**

水的无色透明流体形态使其具有无常态的流动特征。在自然界中水的这种特征使其随着环境的变化具有了丰富多彩的形态。溪泉潭瀑、江河湖海呈现出不同的水型；静止流动、跌落飞溅呈现出不同的水姿；季节变化、波光流影呈现出不同的水色。环境水体设计中水的流体造型正是模拟水的这些自然形态以人工构造的方式限定出来的。理水工程就是要限定这种水的流体形态，以各种限定达到建筑景观所需水景样式。池岸砌筑营造了不同平面形状的水域；台阶斜坡营造了不同跌落流向的水流；喷泉管涌营造了不同造型水花的水形。现代技术的运用加强了水的流体造型艺术表现力。

**3. 建筑景观的环境水体设计手法**

水体作为组成景观的设计要素只有与建筑、绿化、主体艺术品相互配合才能发挥最大的效应。根据水的流体造型特点，在建筑景观的环境水体设计中，主要分为静态水体和动态水体两种类型的设计手法。静态水体以不同深浅的水池形成平静的水面，通过水面的反射功能可以有效地反映空间实体的各种造型，具有净化环境、划分空间、扩大空间、丰富环境色彩、增添环境气氛的作用。静态水面通过水池平面样式、水位高低、池体位置以及池底图案等手法，来达到希望取得的艺术效果。动态水体以流水、瀑布、喷水、涌泉等手法与空间实体、建筑构件有机结合，能够以其无限丰富的可塑性创造理想的水景。同时起到界定空间、引导人流、隔绝噪声、遮挡光线、滋润绿化、软化建筑实体的功能作用。动态水体采用最多的是喷泉处理手法，如垂直单射、多排行列、圆环造型、旋转交叉、音乐色彩、水形雕塑等等。动态水体中落水的处理是与建筑相得益彰的手法，如跌落式、溢落式、幕状瀑布、沿壁滴落等。综合静态与动态水体的特点进行给合处理同样能取得理想的空间效果。

总之，要求学生能够科学地选择合适的水体造景形式，合理地进行不同建筑景观的环境水体设计。（图 74－ 图 79）

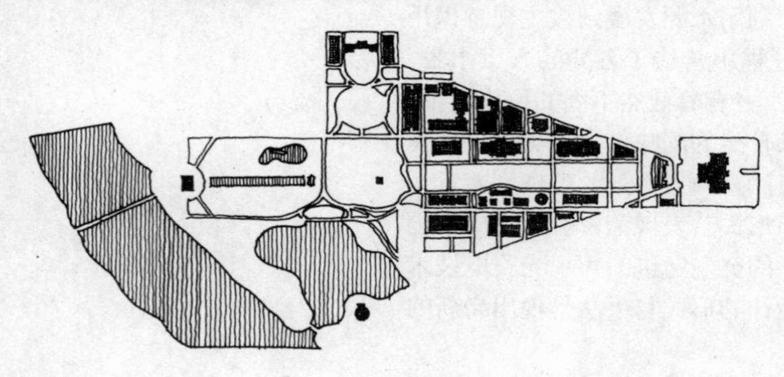

图 74 城市与水 · 美国华盛顿市中心的水面

图 75 城市与水 · 意大利罗马的台伯河

图 76 建筑与水 · 莱特的流水别墅

图 77 园林与水 · 罗马花园水景

图 78 水流的形态

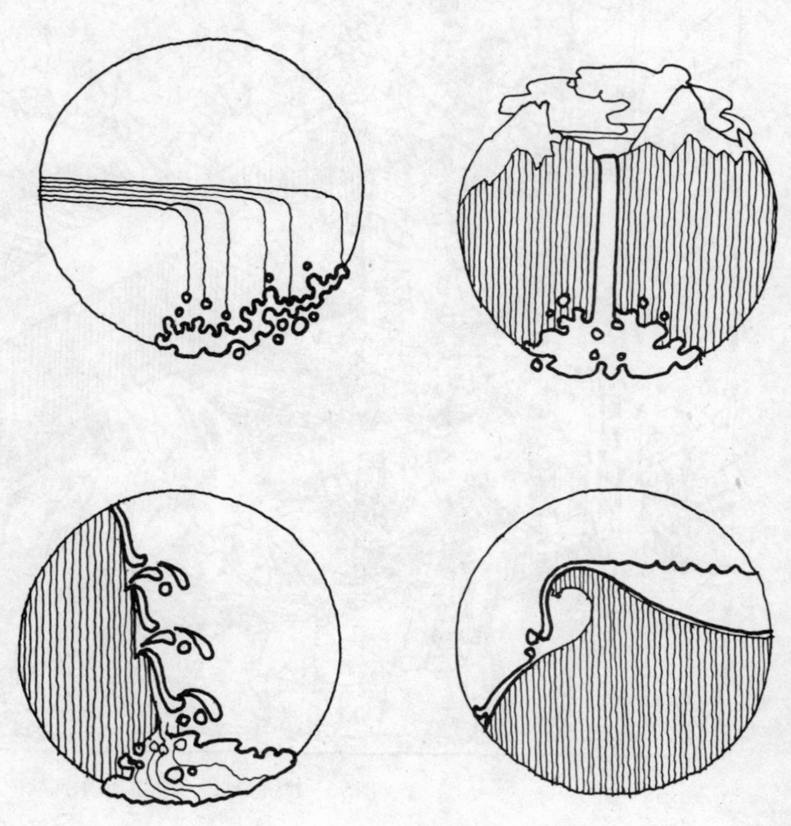

图 79 大型人工组合水景

## 三、环境雕塑设计

环境雕塑设计是建立在现代雕塑概念之上的艺术造型设计课程，它的目的在于：学生在经过一定专业技能训练的基础上，运用平面构成、立体构成原理进行物质材料的空间构成，从而培养学生掌握对特定空间、特定物体、特定氛围进行创造、设计与规划的能力，提高对主体与客体、个性与共性的协调与统一能力。

环境雕塑设计课程的教学内容主要包括：现代雕塑概念的理论；环境雕塑的艺术类型；环境雕塑的设计与制作。

### 1. 现代雕塑概念的理论

作为冠以环境定义进行的雕塑设计，其作品的内涵与表现形式已完全脱离了传统雕塑的概念，表现特定环境景观的符号性与协调空间形体的中介性成为其存在的主要目的，在更多的情况下它主要表现为一种空间的装置，因此环境雕塑的设计创作在主题的选择、空间的构成、材料的选用等方面要比传统的雕塑广泛得多。

**2. 环境雕塑的艺术类型**

由于环境雕塑的多样性，其艺术类型分类也就比较复杂。艺术手法的分类：具象主题型雕塑、抽象喻义型雕塑、空间装置型雕塑。空间形式的分类：圆雕、浮雕、透雕。使用材料的分类：石雕、木雕、金属雕、砖雕、混凝土雕塑、玻璃钢雕塑等。环境雕塑不同艺术类型的选用，总是从概念构思、形式构图、形体处理、形象塑造等设计要素出发，依据景观环境要求的特点来确定。

**3. 环境雕塑的设计与制作**

环境雕塑设计课程的作业选题与创作不同于一般的雕塑，首先必须界定客体的环境区域，然后根据环境所需的景观要求进行创作，作品既要主体特征突出又要融合于特定的环境。因此要求学生了解掌握雕塑在空间环境中的特性——制约与延伸，通过运用构成的原理以各种材料进行概括、夸张和装饰，从而培养立体造型与艺术想象的能力，并去装置和创造出理想的特定氛围与空间。环境雕塑的设计与制作应该遵循如下的程序：根据景观环境的性质，来确定雕塑的性质、内容和基调；根据景观环境的平面布局，来确定雕塑的位置朝向；根据景观环境的空间规模，来确定雕塑的尺度和体量；根据景观环境的背景，来确定雕塑的材料、色泽和质感；根据景观环境的艺术风格，来确定雕塑的处理手法。

环境雕塑设计课要求学生在理解理论知识的基础上，进行具体的环境雕塑设计与制作。在课题选择上可采取自由选题与命题两种形式并结合具体的景观环境进行。（图 80- 图 81）

## 第二节 景观设计

景观设计作为本专业的主体设计课程，其内容本身就是一个综合的系统，它包括了环境要素的全部内容，涵盖了城市空间景观的各个层面。作为专业设计的课程设置，如果只从广义的概念出发而缺乏具体目标的限定，课程内容的讲授辅导乃至学习效果都会受到影响。因此在景观设计的具体课程设置上按“建筑景观设计”与“城市空间系统设计”两个体系进行安排。其中建筑景观设计是以城市建筑景观的两种基本类型为其课题内容的。这两种建筑景观的基本类型是：临街建筑景观；广场建筑景观。

建筑景观设计主要是指以建筑外在造型为主体背景的外部

图 80 传统的雕塑以写实的手法与古典建筑和水体融为一体

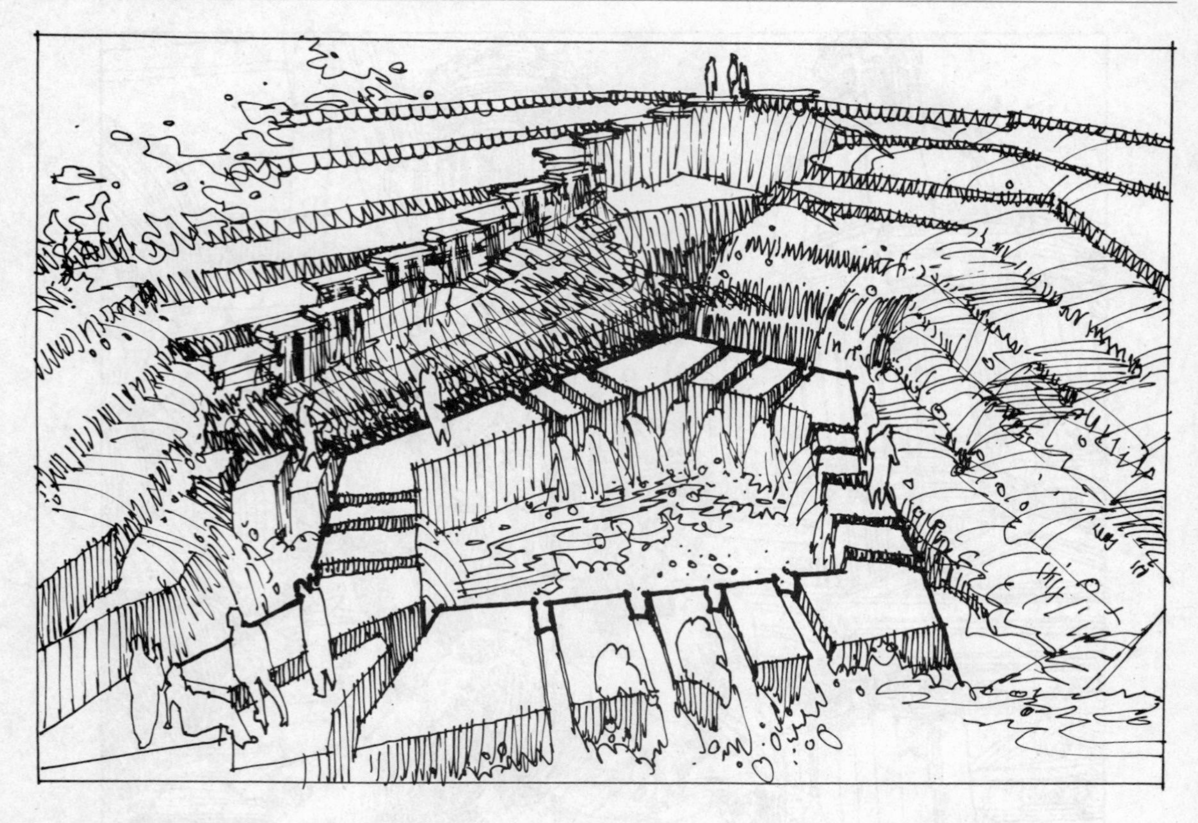

图81 现代的雕塑很难与景观装置或环境构造相分离

空间环境设计，不同的建筑组合形成了不同的外部空间类型，外部空间类型的形成与历史和社会的发展有着密切的关系。城市空间系统设计是建筑景观的综合设计。它是由城市的各类建筑物与道路、广场、园林以及附属于这些建筑外部空间的交通、绿化、休憩、游戏、照明、标志等系统组成的综合体。

## 一、临街建筑景观设计

通过基本的设计理论讲授与相关形象资料的观摩，尤其是现场空间实景的体验，学生能掌握城市景观设计的基本方法，掌握以建筑主立面为背景的景观设计规律。通过课堂的命题设计作业，使学生掌握从草图构思、方案设计到立面效果表现的综合设计能力。

临街建筑景观设计的教学内容主要包括：临街建筑景观的特点与类型；临街建筑景观空间设计的功能要求；临街建筑景观设计的基本要素；临街建筑景观设计的一般规律与方法。

### 1. 临街建筑景观的特点与类型

街道是构成城市景观的主体。在城市风貌的体现中，街景占有不可替代的作用。作为临街建筑景观设计，既要考虑特定区域内的观看效果，又要考虑与整条街道相呼应的效果。临街建筑景观具有视点单向位移的观赏特点，对设计的立面空间造型与构图能力要求较高。临街建筑景观在设计上受建筑高度和街道宽度之比的影响较大，并因此呈现出入口展示、道路延伸、绿化组合等几种类型。

**2. 临街建筑景观空间设计的功能要求**

临街建筑景观空间设计的功能要求主要是指交通功能，也就是说视觉空间形象的设计必须在满足交通顺畅的基础之上。作为城市交通的道路系统，必须能够满足机动车、非机动车和人行的各种需求。由于交通工具类型的不同，造成了体量尺度与行进速度的变化，并由此影响到道路系统的形态。这种形态的变化是道路功能要求的必然，因此临街建筑景观空间设计的艺术处理手法必须符合于这种变化。人行与车行的交叉矛盾又形成了跨线桥梁、地道、护栏等道路附属设施，这些附属设施在强化道路的功能的同时，也为临街建筑景观空间设计增添了新的功能制约。

**3. 临街建筑景观设计的基本要素**

建筑界面、道路铺装、绿化水体、公共设施、标识与艺术品是构成临街建筑景观设计的基本要素。建筑界面与道路铺装属于景观的背景要素：建筑界面与天空衔接的边缘轮廓线所组成的空间构图，是临街建筑景观的立面背景。道路铺装与各类设施的位置界线所组成的空间构图，是临街建筑景观的平面背景。绿化水体在临街建筑景观中属于道路与建筑之间的中介要素。自然多变的绿化水体形态柔化了道路建筑的硬质空间形象。公共设施、标识与艺术品属于景观的主体要素：公共设施（电话亭、候车棚、邮筒等）以其自身功能造就的特殊形象成为街道的标志性实体；标识（路牌、建筑铭牌、广告牌等）以其自身样式、图案、色彩的变化造就了醒目突出的临街视觉形象。艺术品（壁画、雕塑）以其自身独特的风格魅力成为临街建筑景观的主体。

**4. 临街建筑景观设计的一般规律与方法。**

临街建筑景观的设计基于两种情况。第一种情况是街区已按照法定的城市规划方案进行了统一的设计；第二种情况是没有统一的规划设计。因此临街建筑景观的设计必须依据具体的情况采取相应的措施。在第一种情况下应保证背景要素的完整性，不能在建筑界面与道路铺装上进行随意的修改或添加。设计的重点应放在主体要素上，通过中介要素的合理配置，达到主体要素与背景要素的和谐统一。在第二种情况下背景要素一般比较杂乱，可以通过对建筑界面和道路铺装的样式、图案、色彩的改变，在统一的设计概念指导下进行设计。一般来讲临街建筑景观的设计既要注意单一景点的观赏效果，又要注意整条街道观赏的节奏韵律。在观赏视点的考虑上要同时兼顾街道两侧和行进前方三个方面统一的空间视觉形象。遵循统一背景要素以中介要素调节空间构图来突出主体要素的设计原则。

在临街建筑景观设计的教学中，要求学生在功能合理的基础上，注意人处于不同交通工具上的观赏特点；要求具备较好的艺术造型能力；掌握严格的设计程序，并要求学生有较熟练的制图与设计表现能力。（图 82－图 85）

图 82　典型的城市街道剖面

图 83　罗马威尼托大街景观

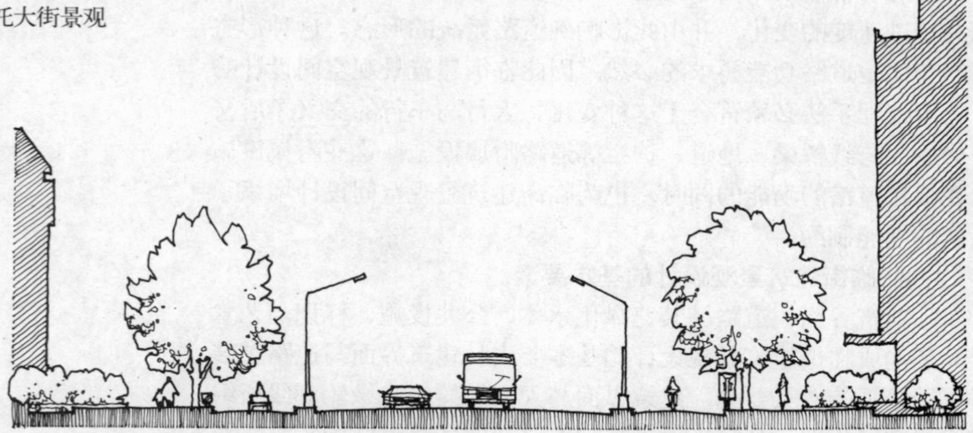

图84- 图85　古典与现代临街景观对比：奥地利维也纳与美国纽约

## 二、广场建筑景观设计

通过对广场建筑景观设计基本理论的讲授与形象资料的观摩，使学生对广场建筑景观设计的类型和有关设计的功能要求有所了解；通过讲授观摩、分析研讨使学生具备广场建筑景观设计的综合判断与分析能力；通过课堂设计的实践练习，使学生掌握从草图方案到扩大初步设计、透视效果图表现的阶段设计能力，并重点引导学生掌握设计的整体协调能力。

广场建筑景观设计的教学内容主要包括：广场建筑景观的特点与类型；广场建筑景观空间设计的功能要求；广场庭园建筑景观设计的基本要素；广场庭园建筑景观设计的一般规律与方法。

**1. 广场建筑景观的特点与类型**

城市是一个复杂的空间网络，在构成这个空间网络的诸种要素中，广场无疑占有举足轻重的作用。如果说街道是城市景观的主体链条，那么广场就是链条上璀璨的明珠。作为广场建筑景观设计，在空间观赏的量向上呈现出多视点多角度的特点。广场建筑景观的类型与道路网络的构成和广场本身的功能有着直接的关系。道路网络的交汇形成了不同空间形态的广场样式，而其本身的功能变化又造就出城市中心广场、交通枢纽广场、公共建筑前广场等几种类型。

**2. 广场建筑景观空间设计的功能要求**

广场建筑景观空间设计的功能要求相对多元：由交叉路口汇聚形成的具有城市活动中心功能的集会型广场；由现代交通工具停放与立体道路系统组合形成的具有集散功能的交通枢纽广场；由公共建筑围合形成的具有空间过渡和展示观赏功能的公共建筑前广场。广场功能要求的不同促使空间要素的组合呈现出不同的面貌。

**3. 广场建筑景观设计的基本要素**

广场建筑景观的设计要素与临街建筑景观的设计要素基本上是一致的。但由于广场空间的纵深尺度要远大于街道的横向尺寸，广场上人的视线角度呈现出多种量向。因此作为广场建筑景观设计基本要素中的背景、中介、主体要素内容往往具有相互转换的特征。建筑、绿化、公共设施、标识与艺术品之间的关系随着人所处位置的不同，或者相互之间尺度与体量的变化，同一物体可能在不同的视线观赏位置扮演不同的角色。所以广场建筑景观设计中基本要素的运用相对是比较灵活的。

**4. 广场建筑景观设计的一般规律与方法**

要求学生在功能合理的基础上，注意广场建筑景观设计与园林设计的区别；要求具备较好的空间造型能力；掌握空间构图的基本方法，注意空间中实体与虚空的尺度对比关系。

通过课堂设计练习，要求学生掌握从整体出发的综合设计能力。（图 86 至图 90）

## 三、城市空间系统设计

通过城市空间系统设计基本理论的讲授，使学生明确城市空间中各系统之间的关系，和由这些系统组成的不同空间类型的城市功能运行情况。从而确立科学的城市空间系统设计概念和成组建筑景观的综合设计判断分析能力。掌握大型复杂空间的整体协调设计能力。

城市空间系统设计的教学内容主要包括：城市空间的构成；

景。

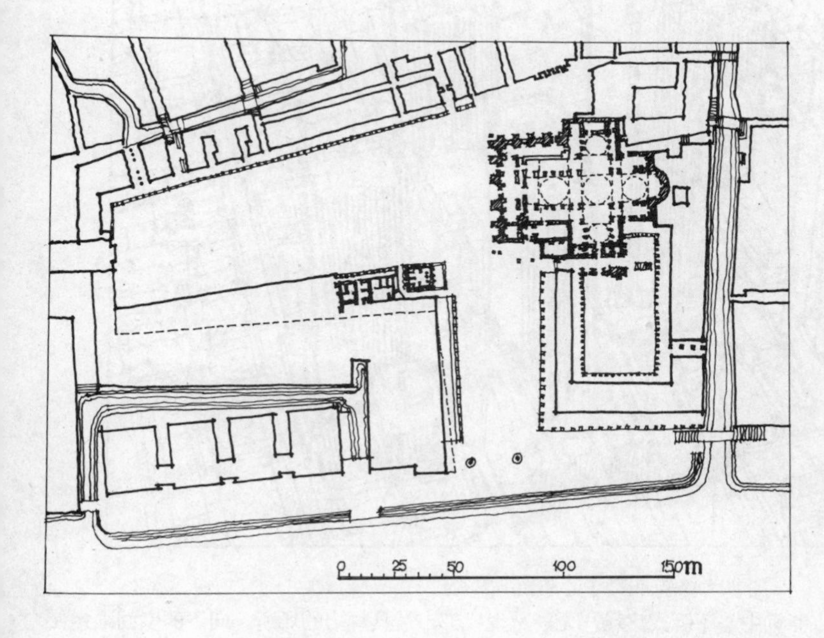


图 86- 图 87　圣马可广场景观

意大利威尼斯是位于亚的里亚海滨的水中之城。风格优雅空间布局完美，被誉为“欧洲的客厅”的圣马可广场，位于大运河口的圣马可海港之滨。整个广场空间布局紧凑，平面线形变化微妙，建筑造型高低错落，主体与陪衬相得益彰。人在广场中行走，视线所至无不成景。

图 88　圣马可广场景观

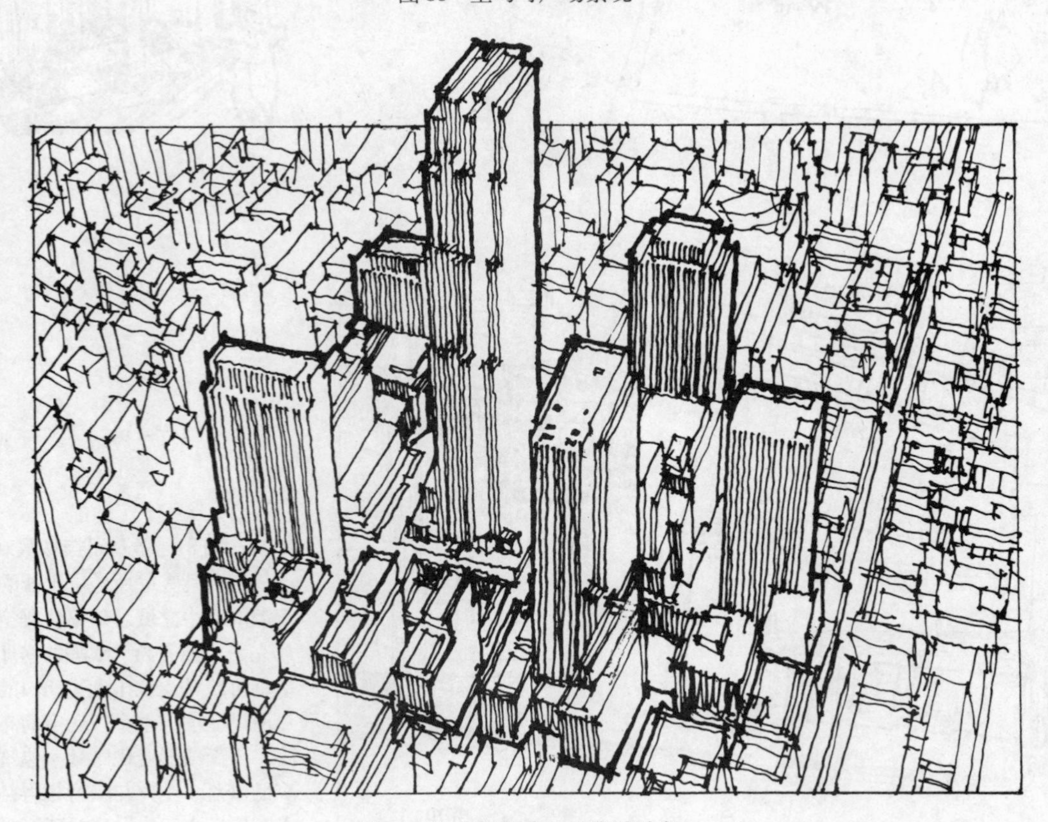

图 89　洛克菲勒中心下沉式广场

位于纽约被摩天高楼包围的洛克菲勒中心下沉式广场，无疑是现代都市最具魅力的场所。向下的空间限定使它在喧闹的都市中创造出闲静的一隅。

图 90　西班牙广场景观

罗马的西班牙广场由于台阶的逐级上升，形成了独特的富于戏剧性变化的空间效果。

城市空间的功能运行；城市空间的类型特点；城市空间系统的设计要素；城市空间系统设计的一般规律与方法。

**1. 城市空间的构成**

城市空间是由自然环境要素、人工环境要素、社会环境要素综合构成的庞大系统。空间网络系统和空间设施系统是城市空间形态、功能、景观构成的两大体系。人与人所驾驭的各种活动工具（车辆、船只、工程机械）在这两大体系中的所有活动构成了城市空间的全部内容。空间网络系统由担负交通功能的道路、河流、桥梁、地道组成；空间设施系统由担负使用功能的建筑广场、园林绿地、设施器具组成。

**2. 城市空间的功能运行**

城市空间的功能运行是由人的基本生活需求以及由此产生的社会活动行为所形成的。在城市空间中人的活动表现为空间坐标从点到点的线性运动形态，每个空间坐标点都可能是特定的功能空间。在每个点停留的时间长度，和在该时间段人的活动行为模式，决定了功能空间类型、体量、尺度、样式的变化。人在各功能空间点之间的穿行构成了城市空间功能运行的基本模式。城市空间系统设计的所有标准都是建立在这种模式的基础之上。

**3. 城市空间的类型特点**

城市空间具有人工环境最典型的特征，这就是由建筑实体空间造型要素和由建筑外部的虚形空间造型要素构成的整体空间形态。这种空间特征在城市中表现为网络化结构，因此城市空间的类型主要依据网络与建筑之间的尺度对比形成。道路的尺度、道路走向的差异和由道路组成的网络密度限定了城市空间的形态，建筑高度与道路跨度的比例关系使城市空间具有了不同的个性。在道路建筑之间的广场绿地作为虚形空间过渡的手段，成为调节空间节奏的理想音符。

**4. 城市空间系统的设计要素**

城市空间系统的设计要素所按自然形态景物、空间网络设施、建筑物景观、主体艺术品分为四大类。自然形态景物要素包括：自然地貌、绿化植栽。空间网络设施要素包括：道路铺装、交通标识、路灯旗杆、告示报刊栏、水池花坛、坐椅棚架、邮筒卫生筒、电话亭、书报亭、候车廊、通风口、地道出入口等。建筑物景观要素包括：主体立面装修、商店铺面装修、门窗阳台装饰、招牌广告、设备管道等。主体艺术品要素包括：雕塑、壁画、牌坊、节日装饰构件等。

**5. 城市空间系统设计的一般规律与方法**

城市景观是城市三度空间和人的时间运动中视觉、心理感受所形成的综合环境效应，在这里自然、建筑、环境设施是作为空间的固定实体造型要素而存在，只有通过人的现场步行以及人在各种交通工具中的运动，随着视点变换的连续观看才能得出完整的空间印象。鉴于城市空间的这种观赏特点，作为城市空间系统设计就应当遵循从空间网络到空间实体，从阶段网络的空间总体平面到单体的空间要素这样一个设计过程。就其设计来讲应该遵从整体到局部、由线到点的工作方法，城市空间系统设计的设计者并不一定涉及具体的环境要素设计，而把主要精力放在限定环境要素形态、风格、样式以及总体协调区域系统概念的位置上。

以城市空间系统的功能合理与适用为基本要求，同时具备较好的整体空间形象和与之配套的设施系统，是城市空间系统设计最主要的内容，同时也是课程教学最基本的要求。在严格遵守系统设计程序的基础上，要求学生有较熟练的设计思维表现与绘图、模型制作表现能力。重点要求学生掌握从整体出发的综合设计能力。（图91- 图93）

图91　传统的古典城市有着明显的边界和突出的标志性建筑，城市的空间形态十分完整——意大利佛罗伦萨

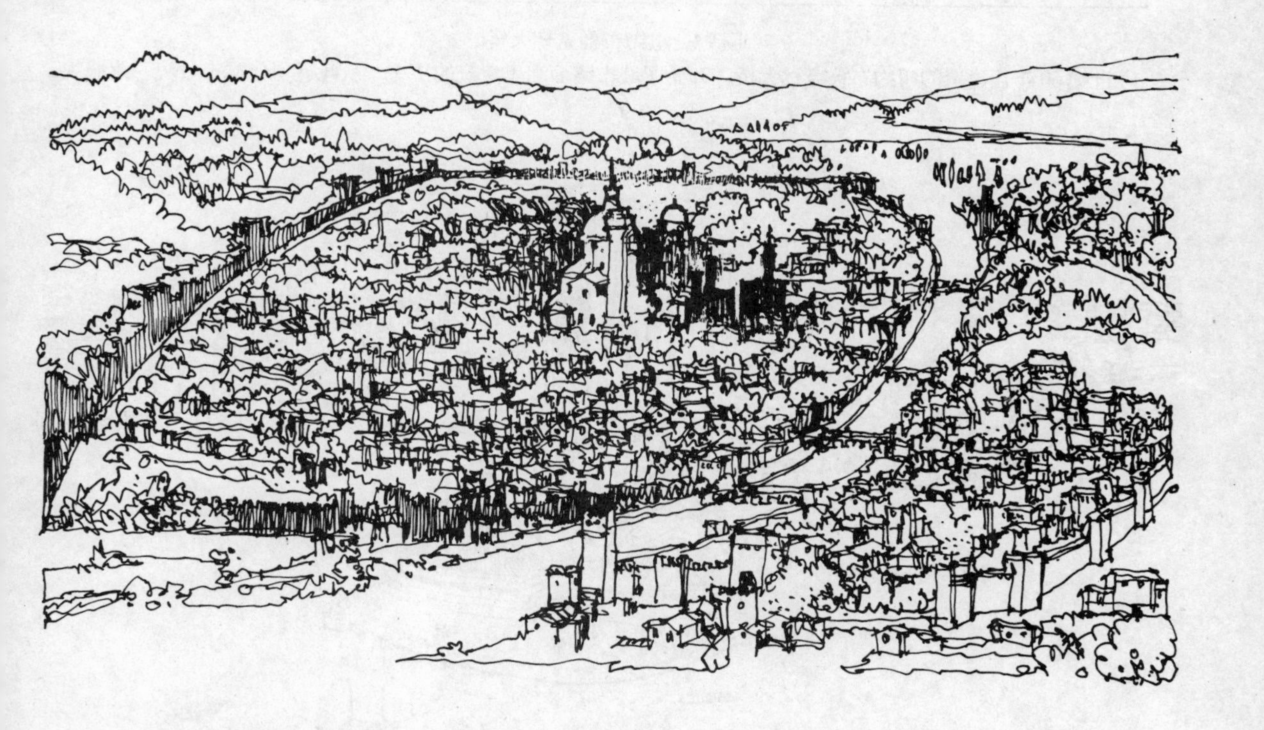

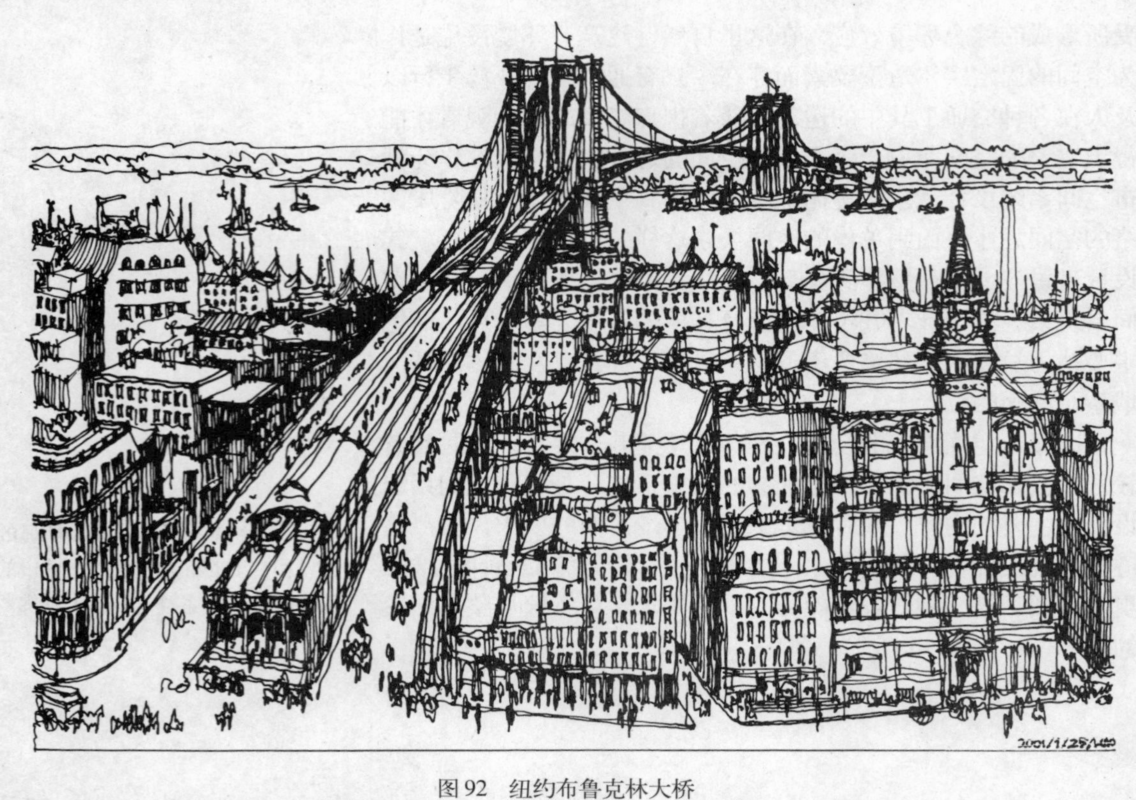

图 92 纽约布鲁克林大桥

19 世纪 60 年代建造的纽约布鲁克林大桥，开始了城市路面高于建筑的历史，从此近现代城市景观一改旧貌。

图 93 悉尼歌剧院

20 世纪 70 年代完成的悉尼歌剧院，设计独具匠心，与城市的自然景观水乳交融，因而广为推崇。

# 第四章　景观设计与作业赏析

## 第一节　景观设计实例分析

景观设计虽然是一个基于环境艺术设计概念的新兴边缘学科。作为高等艺术设计教育的一个专业设立也仅仅是最近的事情。但是在人类漫长的发展过程中，随着城市人工环境的营建，经过建筑师、园艺师、艺术家的共同努力，却在不同历史时期和不同地域形成了千姿百态的人工环境景观，为我们提供了许多可供分析的范例。

### 一、城市景观的总体风貌

城市景观的总体风貌，是一个地区政治、经济、历史、文化的体现。城市景观是由人工环境的所有营建物构成的整体。基于不同的历史背景，城市景观的总体风貌呈现出完全不同的样式。

建筑是城市景观的主体。不同尺度、体量、造型、风格的建筑单体组合成不同的城市空间轮廓，为景观设计提供了主体背景。

#### 1. 佛罗伦萨

佛罗伦萨是一座保存完整的历史文化名城。起建于意大利文艺复兴时期的佛罗伦萨大教堂，成为整个城市景观的核心。沿袭至今的土红色的陶瓦顶，构成了全城统一的色调，曲折古朴的石砌街道，耸立的钟楼和尖塔，形成具有醇厚文化积淀的典型欧洲城市景观。(图 94- 图 99)

图 94 俯瞰佛罗伦萨

图 95 矗立在红瓦顶楼群中的圣玛利亚大教堂

图 96 从兰兹敞廊望市政厅

图 97　阿尔诺河上的廊桥

图 98　市政厅威基欧大厦庭院

图 99　美术展览馆中米开朗基罗的大卫雕像

### 2. 海德堡

海德堡位于德国中部。这个在中世纪就已成形的城镇，有着得天独厚的自然条件。河谷两岸林木茂密的山间鳞次栉比地排列着各式建筑，呈现出丰富的立面色彩变化。一条条面向山坡的街道尽端塔楼，映衬在浓郁的山林绿影中，构成一幅幅美丽的天然图画，成为海德堡典型的景观。(图 100- 图 104)

图 100 河谷景色

图 101 街景之一
图 102 街景之二

图 103　俯瞰海德堡

图 104　街景之三

**3. 纽约**

纽约世界上最大的城市之一。这是一个按照近代城市规划理念建造的城市，曼哈顿整齐划一密集的棋盘式路网，满足了汽车文明的需要。但20世纪六十七十年代超高层建筑的畸形发展，却使城市的景观呈现出“钢铁、玻璃、混凝土森林”的怪异面目。在缺少观赏距离的街道上，超出人正常视线高度的建筑，很难给人以完美的整体形象感受。(图 105- 图 110)

图 105　俯瞰曼哈顿

图 106　曼哈顿第四大道街景

图 107　在光照和建筑高度对比反衬下的街景

图 108　曼哈顿典型的局部仰视街景

图 109　帝国大厦夜景

图 110　仰视的临街建筑景观

### 4. 香港

被誉为“东方之珠”的香港，是一个具有现代建筑景观的典型城市。虽然香港岛的建筑密度位居世界前列，但九龙与香港岛隔海相望的优越地理位置，却为人们提供了理想的观赏空间，在这里现代高层建筑伟岸的空间轮廓线得以完美的展现。(图111- 图115)

图111　从九龙半岛遥望香港岛

图112　由现代高层建筑构成的香港岛天际线

图 113 背衬山脊线的香港岛建筑景观

图 114 街边仰视的建筑景观

图 115 隔街对望仰视的建筑景观

**5. 新加坡**

新加坡以一个美丽的花园城市国家著称于世。热带充沛的雨水和阳光使植物得以常年生长。规划的合理安排使城市的建筑空间体量保持在一个适宜的尺度范围内。城市的建筑空间轮廓线高低对比错落有秩。青翠欲滴的绿色植物与老旧建筑的白色粉刷统一了整个城市的风貌。(图 116- 图 119)

图 116　新加坡河畔新老建筑的对比

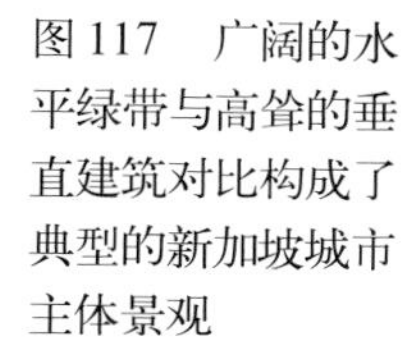

图 117　广阔的水平绿带与高耸的垂直建筑对比构成了典型的新加坡城市主体景观

图 118 阳光、绿荫、建筑组成的街景图画

图 119 层次分明的临街建筑景观

## 二、临街建筑景观

临街建筑景观是城市景观中处于人的正常视线范围内的最主要方面。临街建筑景观主要由建筑的主立面造型构成。在这里建筑的入口和门窗成为重点的装饰部位，是临街建筑景观的形象主体。在各类装饰要素中绿化往往占有非常重要的位置。

**1. 以立面造型色彩样式变化形成的临街建筑景观(图 120 至图 126)**

**2. 由城市商业店面的多样性变化形成的临街建筑景观(图 127 至图 131)**

图 120　上海豫园商业街

图 121 苏州水街民居

图 122 法兰克福临街建筑

图 123 莱茵河沿岸小镇街景

图 124　巴黎蓬皮杜艺术中心立面

图 125　新加坡高层住宅立面

图 126　布达佩斯临街建筑

**3. 以门窗装饰变化为主形成的临街建筑景观(图 132 至图 135)**

**4. 以标志构件植株与商品组成的标识性临街建筑景观(图 136 至图 139)**

图 127 新加坡商业中心乌节街夜景

图 128 日本京都步行商业街

图 129 上海淮海路某商店立面

图 130　慕尼黑步行商业街上的商店门脸

图131　布达佩斯步行商业街上的民族工艺品商店门脸

图 132　米兰商业街大型百货商店门廊

图 133 慕尼黑步行商业街店面门窗装饰

图134 莱茵河沿岸小镇咖啡廊门廊绿化

图 135　波士顿某餐馆窗饰

图 136　纽约曼哈顿街头以门牌号作为建筑标识的景观

图 137 新加坡市政厅临街植株与建筑景观

图 138 曼谷街头以商品为标识的景观

图 139 法兰克福临街大型公共建筑雨棚

## 三、广场庭园建筑景观

广场庭园建筑景观是以大型建筑为背景，建筑小品、雕塑、绿化、水体为主体的景观设计。广场庭园建筑景观具有较大的观赏空间，重点在于景观区域平面的总体规划和景观实体的造型设计，要求各空间实体之间具有一定的协调性。(图 140–图 159)

图 140　苏州庭园建筑景观

图 141 上海人民广场与市政府大厦

图 142 下沉式广场夏季景观——纽约曼哈顿洛克菲勒中心

图 143 下沉式广场冬季景观——纽约曼哈顿洛克菲勒中心

图 144　以草坪与雕塑构成的广场景观——新加坡银行区

图 145　大型公共建筑前广场以环境雕塑构成的景观——法兰克福

图 146　水体与建筑构架组成的景观——北京人定湖庭园

图 147　高层建筑下的庭园景观——香港中银大厦

图 148　大面积绿化营造的建筑景观——纽约动物园

图 149　古典与现代的融合——巴黎卢浮宫拿破仑广场夜景

图 150　模拟自然的喷泉水景——哈佛大学街区

图 151　与建筑界面结合的水景——香港新世界酒店庭园

图 152　雕塑、绿化、界面的有机组合——斯图加特美术馆内庭

图 153 广场上夸张的自然形态雕塑与建筑——新加坡河滨广场

图 154 街心广场上的机械传动活动雕塑与建筑——波士顿

图 155 剧院前水景广场中的环境雕塑与建筑——纽约林肯艺术中心

图 156 节日广场装饰景观——新加坡 1993 年春节

## 四、城市空间系统

城市空间系统是建筑景观的综合设计。它是由城市的各类建筑物与道路、广场、园林以及附属于这些建筑外部空间的公用设施、街道标识、交通工具、照明设施、绿化水体等要素组成的综合空间系统。城市空间系统的景观设计需要具备总体规划的理念，重点在于空间形象的视觉连续性和统一性，以及与单体建筑景观的相互协调性。

图 157　国际博览会大型景观——纽约弗拉辛 1936 年

图 158　主题公园景观——佛罗里达迪士尼乐园

图 159　主题公园景观——佛罗里达迪士尼乐园

### 1. 法国巴黎拉德方斯新区

法国巴黎拉德方斯新区的建设是城市空间系统设计的一个典型范例。拉德方斯新区的规划是按照人车分流的概念制定的，整个新区用钢筋混凝土构建出一个庞大的梨形架空平台，供机动车使用的主交通干道位于平台的下方；由步行道、广场、公共设施、雕塑、绿化、水体、组成了平台的上部景观；体量巨大的新凯旋门“世界之窗”处于新区中轴线的终点与城内中心的凯旋门遥相呼应；造型各异的建筑有序地分立于平台周边；从而构成了一个完整的空间系统。(图 160- 图 166)

图 160 新凯旋门“世界之窗”与雕塑

图 161 广场上的环境雕塑

图 162　公共设施——厕所的设置

图 163　新凯旋门——“世界之窗”

图 164　大型通风管道的装饰景观

图 165　绿化水瀑与雕塑的组合

图 166　绿化水瀑与雕塑的组合

**2. 上海外滩环境景观**

上海外滩环境景观的设计与建设是我国近年来城市空间系统设计的一个成功范例。外滩的建筑一直是上海的标志性景观，经加宽改建后的沿江步行道上又增设了不少建筑小品、雕塑、绿化和公用设施。由于是统一规划和设计，沿江步道绿化带成为连接外滩建筑群的天然纽带，使这一地区的建筑景观成为完整的空间系统。(图 167- 图 169)

图 167　上海外滩建筑景观

图 168　花坛、街灯与建筑

图 169　建筑小品与东方明珠塔

### 3. 交通工具

交通工具在城市的景观中扮演着重要的角色，由于交通工具本身特有的造型和夺目的色彩，以及不断改换位置的机动性，使其具有空间系统中的砝码作用。作为城市空间系统的设计者应充分注意它的影响。(图 170－ 图 173)

图 170 布达佩斯蓝色多瑙河上的游艇与建筑

图 171 罗马街头的马车

图 172　佩斯的有轨电车与建筑

图 173　威尼斯的“刚朵拉”

#### 4. 公用设施

城市公用设施是空间系统中的重要组成部分，诸如厕所、电话亭、广告牌、候车棚、休息座等等。公用设施具有较强的功能性，同时又是景观中醒目的点缀物，具有一定的艺术观赏性。(图 174- 图 179)

图 174 新加坡街头的候车棚

图 175 莱茵河畔的候车棚

图 176　佩斯街头的电话亭

图 177　佩斯街头的广告柱

图 178　佩斯街头的立钟

图 179　莱茵河畔的灯杆和绿化

## 第二节　课程作业

景观设计的教学一方面要依靠课堂的理论讲授，但更重要的是通过大量课程作业练习所取得的经验与感悟。在课程作业中教师通过辅导与学生沟通。教师与学生之间、学生与学生之间通过课程作业的影响，所获取的专业信息量远大于单向的课堂讲授，因此课程作业在景观设计的教学过程中具有十分重要的意义。

景观设计课程作业主要由两个大的类别组成，一类为设计表现的技巧性训练；另一类为提高设计能力的思维性训练。这两大类课程作业分别落实在基础课、专业基础课和专业设计课之中，组成景观设计课程作业的体系。

### 一、专业基础课作业选例(图 180－图 208)

图 180　实景摄影临摹创作(作者：胡晓东)

图 181　实景摄影临摹创作(作者：邹迎晞)

图 182　实景摄影临摹创作(作者：刘东雷)

图 183　实景摄影临摹创作(中央工艺美术学院环艺 94 级学生作品)

图 184　实景摄影临摹创作(作者：于历战)

图185　黑白与简单色调的透视图(中央工艺美术学院环艺94级学生作品)

图186　黑白与简单色调的透视图(中央工艺美术学院环艺94级学生作品)

图187　黑白与简单色调的透视图(中央工艺美术学院环艺94级学生作品)

图 188　黑白与简单色调的透视图

图 189　黑白与简单色调的透视图（作者：李岩）

图 190　黑白与简单色调的透视图(作者：孙艳)

图 191　黑白与简单色调的透视图(作者：邓轩)

图 192　黑白与简单色调的透视图(作者：张青)

图 193　单件物品与背景
(作者：刘宁)

图 194　单件物品与背景

图 195　单件物品与背景

图 196　单件物品与背景

图197　单件物品与背景(中央工艺美术学院环艺94级学生作业)

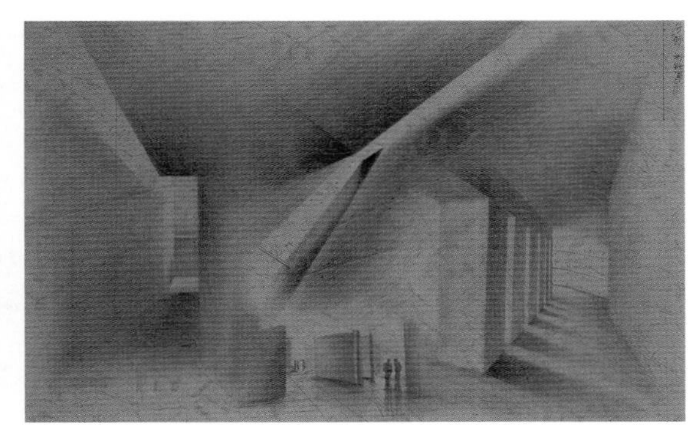

图 198　空间概念表现(作者：邓轩)

图 199　空间概念表现(作者：刘东雷)

图 200 不同技法风格的表现(中央工艺美术学院环艺 93 级学生作业)

图 201 不同技法风格的表现(中央工艺美术学院环艺 94 级学生作业)

图 202　不同技法风格的表现(中央工艺美术学院环艺 93 级学生作业)

图 203　不同技法风格的表现(中央工艺美术学院环艺 94 级学生作业)

图 204 计算机辅助设计与绘图——空间表现(作者：束坤)

图 205 计算机辅助设计与绘图——空间表现(作者：束坤)

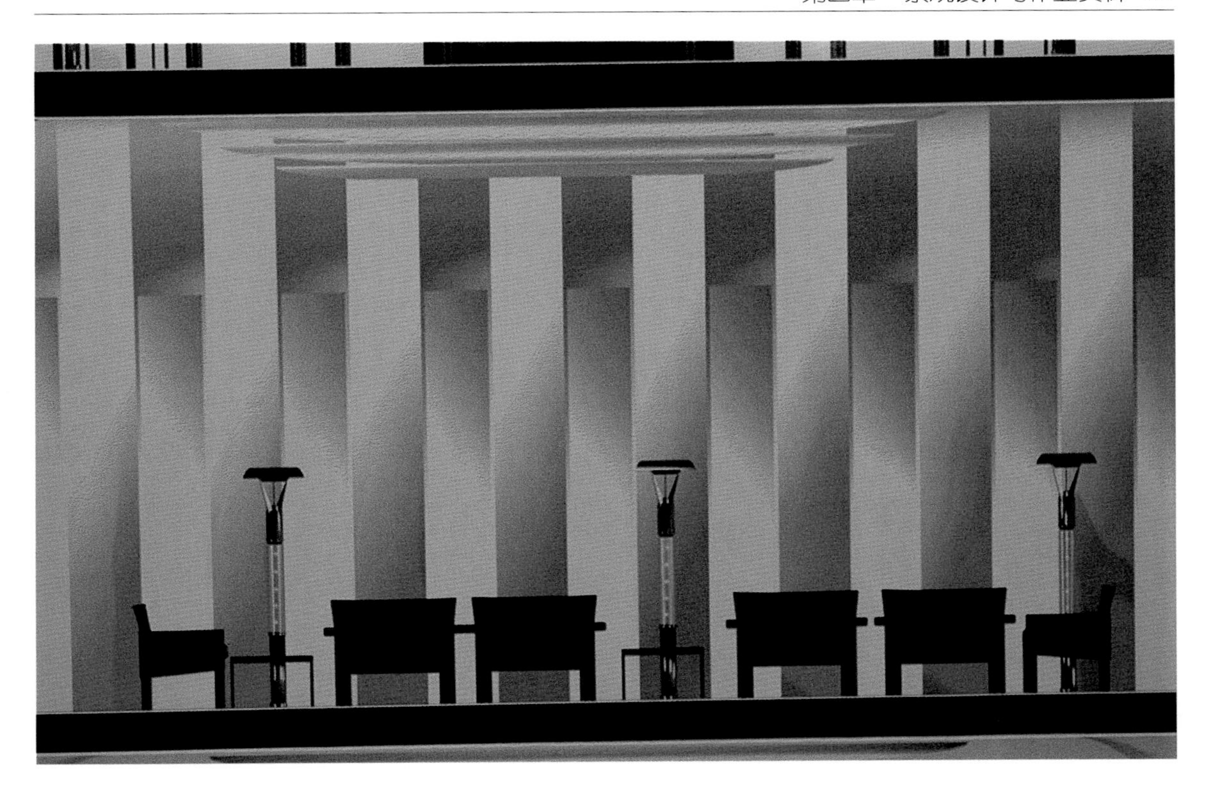

图206 计算机辅助设计与绘图——空间表现(作者: 束坤)

图 207 计算机辅助设计与绘图——空间表现

图208 计算机辅助设计与绘图——空间表现(作者: 束坤)

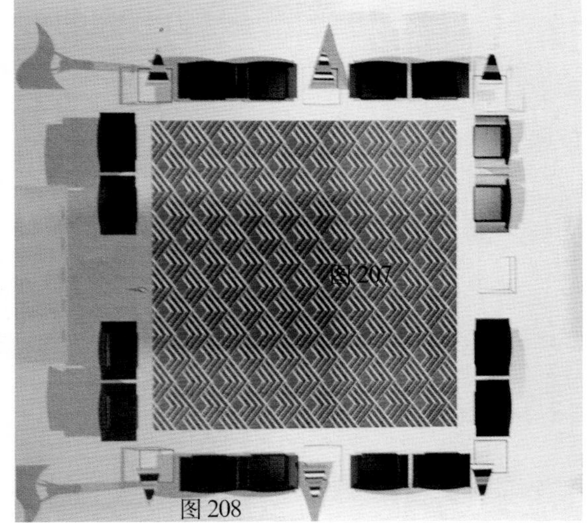

## 二、专业设计课作业选例(图 209- 图 236)

图 209 建筑设计——农村住宅(作者：蔡东江)

图 210 建筑设计——农村住宅(作者：蔡东江)

图 211 建筑设计——农村住宅(作者：高海兰)

图 212　公共建筑造型概念(作者：顾伟)

图 213　公共建筑造型概念(作者：邱晓葵)

图 214 公共建筑造型概念

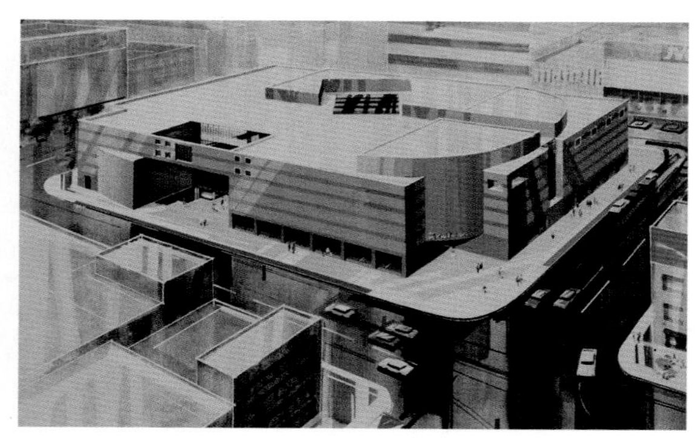

图 215 公共建筑造型概念(作者：杜异)

图 216 建筑设计——建筑立面装修设计(作者：张月)

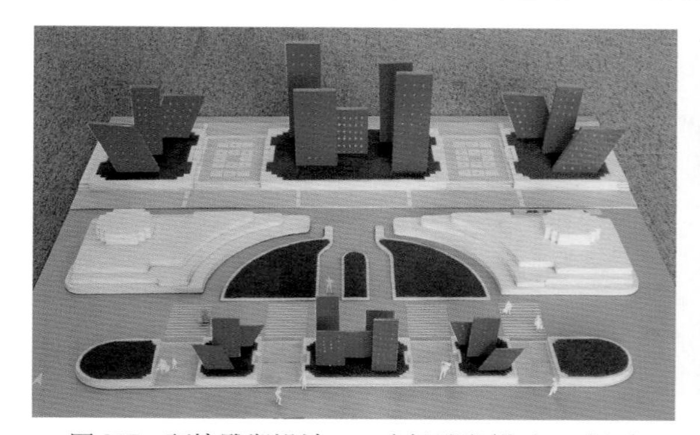

图 217 环境雕塑设计——广场雕塑(作者：李飒)

图 218 环境雕塑设计——广场雕塑(作者：孙艳)

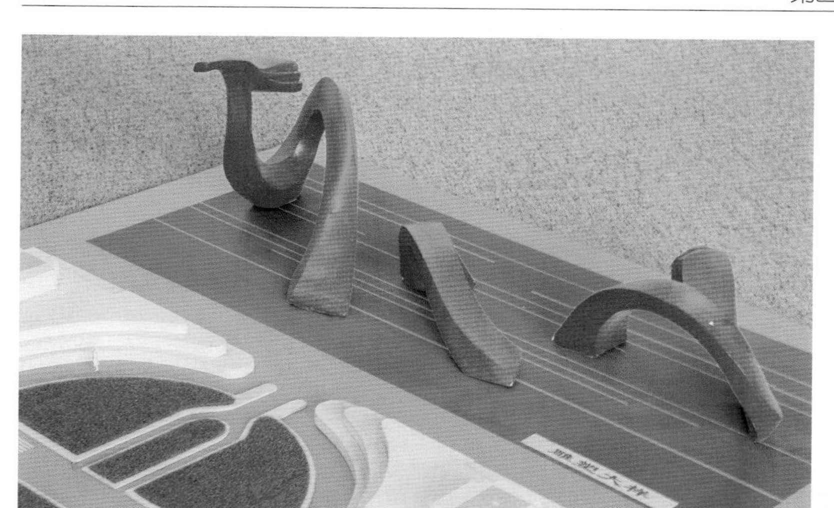

图 219　环境雕塑设计——广场雕塑(作者：孙艳)

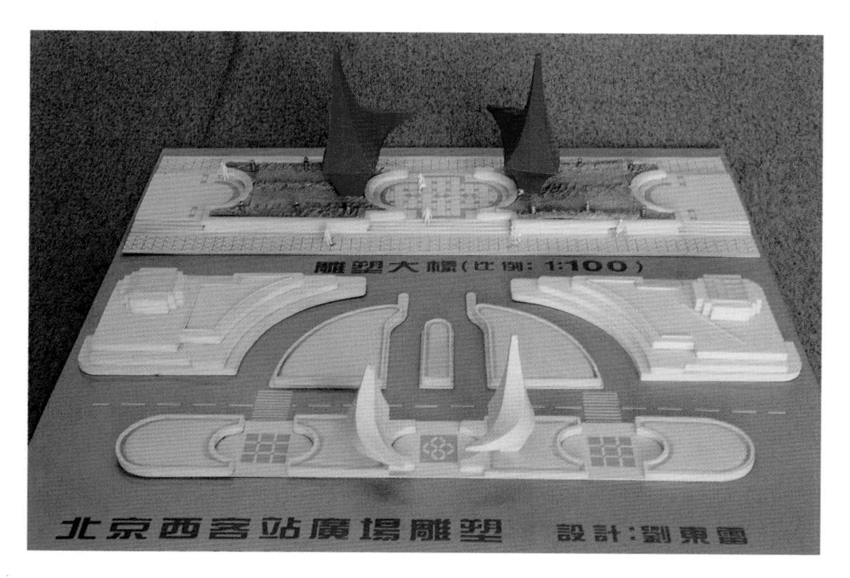


图 220　环境雕塑设计——广场雕塑(作者：刘东雷)

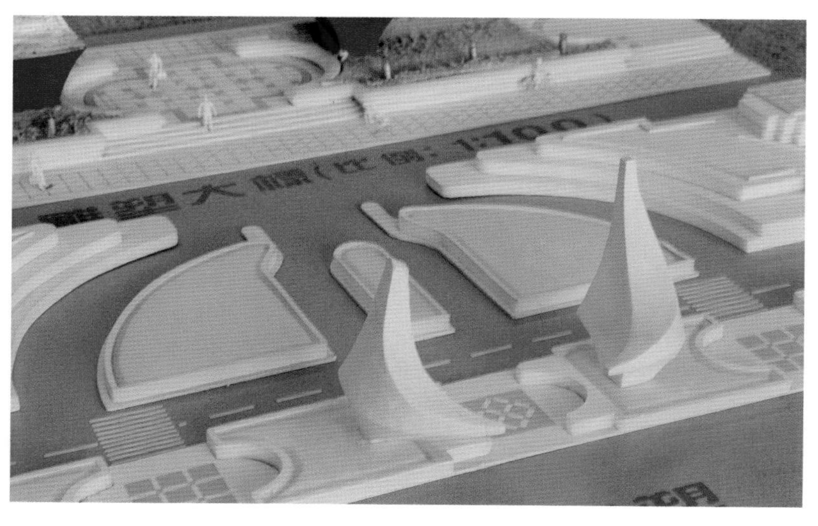

图 221　环境雕塑设计——广场雕塑(作者：刘东雷)

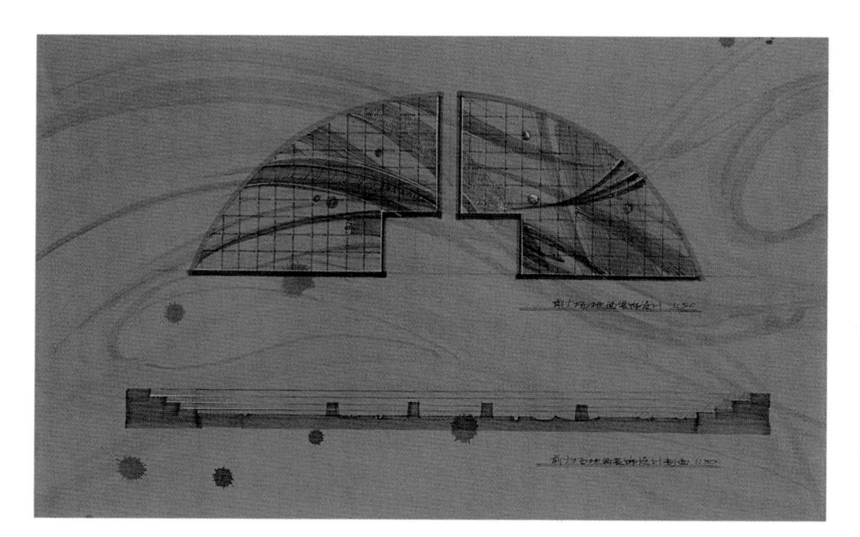

图 222 建筑景观设计——临街建筑景观（作者：崔笑声）

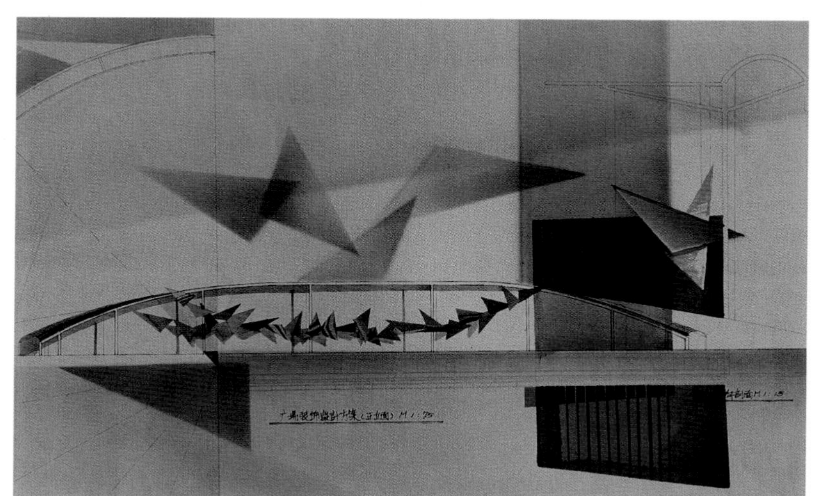

图 223 建筑景观设计——临街建筑景观（作者：王辰）

图 224 建筑景观设计——临街建筑景观（作者：田蔚元）

图 225　建筑景观设计——临街建筑景观(作者：孙艳)

图 226　建筑景观设计——临街建筑景观(作者：孙艳)

图227　建筑景观设计—临街建筑景观

图228　建筑景观设计——临街建筑景观(作者：崔笑声)

图 229 建筑景观设计——临街建筑景观(作者：孙江平)

图 230 建筑景观设计——临街建筑景观(中央工艺美术学院环艺 94 级学生作业)

图231　建筑景观设计——广场庭园建筑景观(中央工艺美术学院环艺学生作业)

图232　建筑景观设计——广场庭园建筑景观(中央工艺美术学院环艺学生作业)

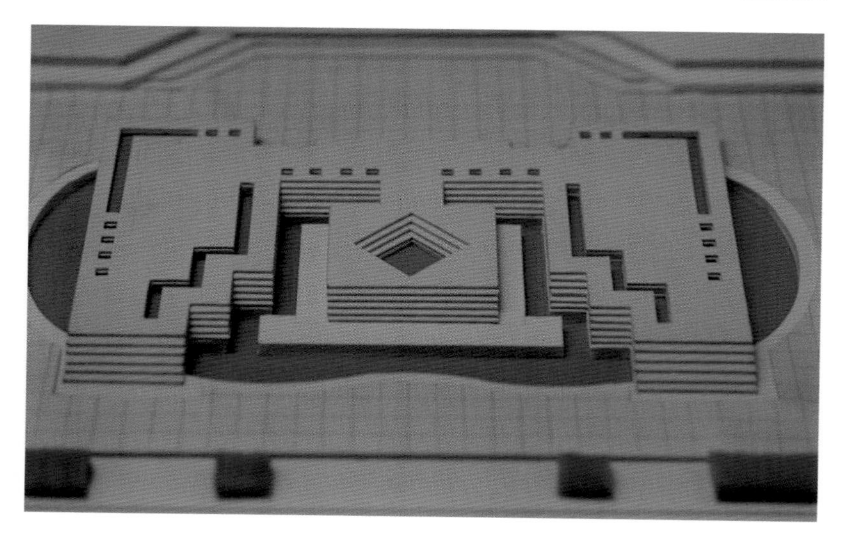

图233　建筑景观设计——广场庭园建筑景观(中央工艺美术学院环艺学生作业)

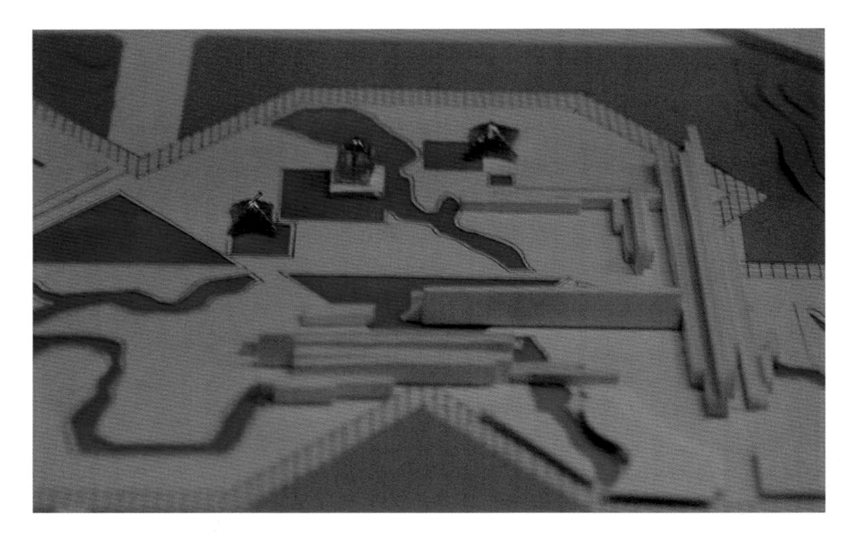

图234 建筑景观设计——广场庭园建筑景观(中央工艺美术学院环艺学生作业)

图235 建筑景观设计——广场庭园建筑景观(作者：邱枫、章建华、李首旭、王国华、周祖良、陶丽彬)

图236 建筑景观设计——广场庭园建筑景观(作者：马伟强、高定祥、吴志红、木玉明、杨静、焦振强)

## 附：正文彩色插页

图 39　静物色彩作品(作者：李岩)

图 40　景物色彩作品(作者：郑曙旸)

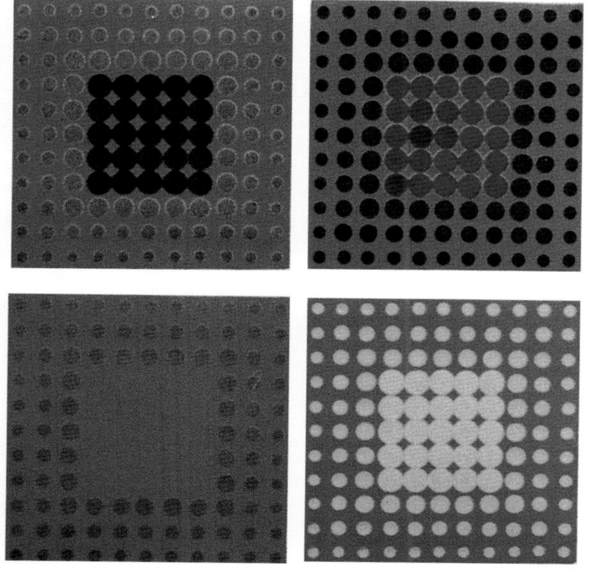

图 41　风景色彩作品(作者：郑曙旸)

图42　平面色彩构成(中央工艺美术学院环艺83级学生作业)

图 43 平面构成

图 46 色彩记忆(中央工艺美术学院环艺学生作业)

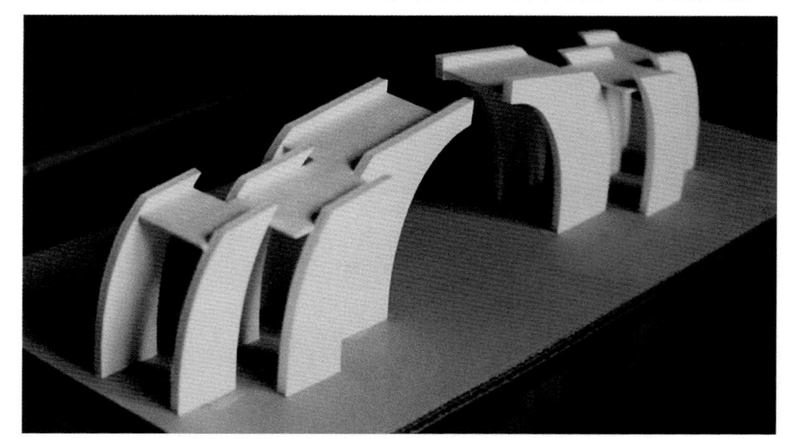

图44 立体构成(中央工艺美术学院环艺学生作业)

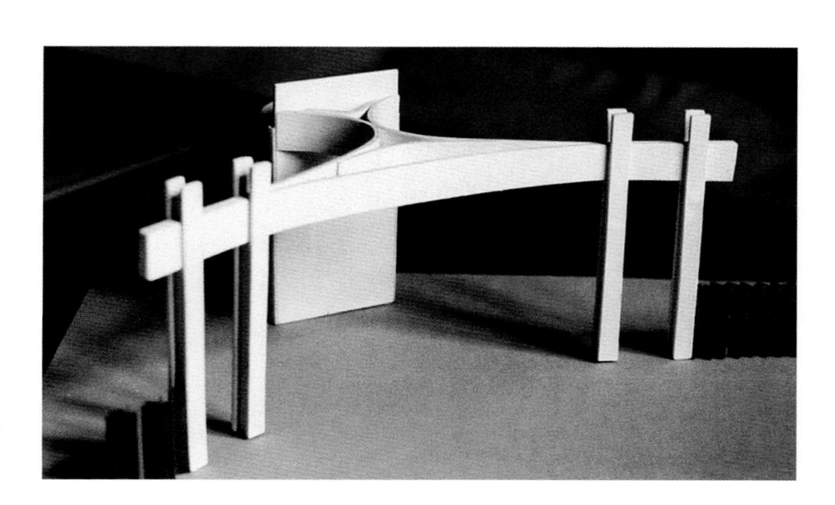

图 45 立体构成(中央工艺美术学院环艺学生作业)

图47　色彩心理(作者:
周娣鹏)

图 48　色彩推移(作者：董华维)

图 49　装饰织物色彩(中央工艺美术学院 85 级学生作业)

图 51 建筑装饰图案(作者: 邓宇)

图52 建筑装饰图案(作者: 崔笑声)

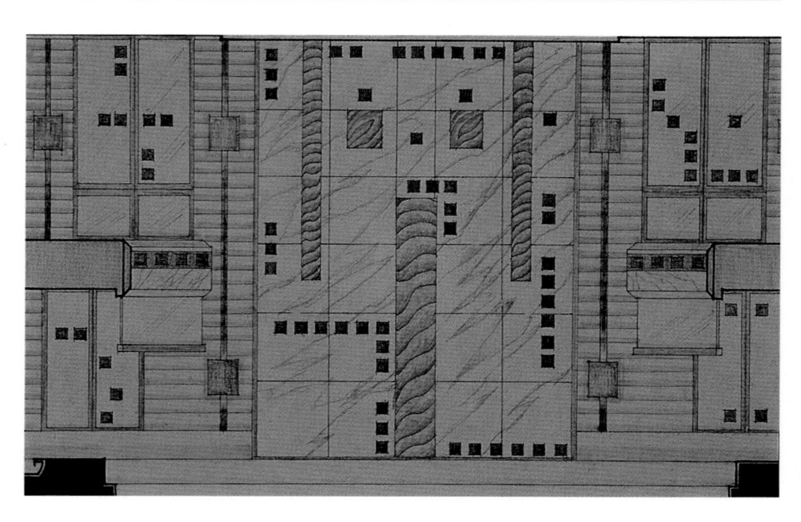

图56 建筑装饰图案(作者:张鹏宇)